MTO

Informationsflussgestaltung als Arbeits- und Informationsoptimierung

vdf Hochschulverlag AG
an der ETH Zürich

MTO

Winfried Hacker

Informationsflussgestaltung als Arbeits- und Informationsoptimierung

Jenseits des Wissensmanagements

Band 44 : Mensch . Technik . Organisation

Eine Schriftenreihe
herausgegeben von Eberhard Ulich,
Institut für Arbeitsforschung
und Organisationsberatung

**Bibliografische Information
der Deutschen Nationalbibliothek**

Die Deutsche Nationalbibliothek verzeichnet diese Publikation in der Deutschen Nationalbibliografie; detaillierte bibliografische Daten sind im Internet über http://dnb.d-nb.de abrufbar.

ISBN:
978-3-7281-3197-3

Vorwort

In der Wirtschaft der Wissens- bzw. Informationsgesellschaft verschmelzen Informationsfluss- und Organisations- sowie Arbeitsgestaltung.
Die für das wirtschaftliche und gesellschaftliche Überleben unerlässlichen Innovationen sind an Informationsgewinnung, -verbreitung und -erzeugung gebunden.
Arbeitsmotivation und unternehmerisches sowie innovierendes Verhalten der Arbeitenden sind ausschlaggebend durch den Informationsfluss bestimmt. Optimales Führungsverhalten ist vor allem optimales Informationsverhalten.
Auch die Gefährdungsbeurteilung und die Fehlervermeidung in Risikotechnologien erfordern unausweichliche Informationsflussoptimierung.
Da aber Information erst im Kopf von Menschen zu handlungsregulierendem Wissen wird, genügen Informationstechnologien ohne Menschenbezug weniger denn je für alle diese Zwecke.

Mein Dank gilt meinen Kolleginnen und Kollegen, deren Arbeit ich nutzen durfte: V. Fuchs, A. Ishig, Dr. Jahn, Dr. Jürgens, Dr. Looks, Dr. Melzer, U. Metz, Dr. Pietzcker, N. Stab und Dr. Wetzstein.

Dezember 2007 Winfried Hacker

gefördert durch das BMBF (Projekt 01 HY 0331) sowie das BMWi (Projekt VII B 4-003070/ 13)

Inhaltsverzeichnis

Zur Vereinfachung wird in der Regel die männliche Substantivform gewählt.

I. Wozu Informationsflussanalyse und -gestaltung?

In modernen informations- beziehungsweise wissensreichen Arbeitsprozessen entstehen die größten Verluste durch Informationsdefizite an Schnittstellen im Informationsfluss zwischen Betrieben, Organisationen, Abteilungen oder Gruppen beziehungsweise einzelnen Arbeitsplätzen sowie zwischen diesen und ihren Kunden oder Klienten:
Für das effiziente Handeln erforderliche Information fehlt, ist unvollständig, verspätet oder unzutreffend. Vermeidbare Informationssuche, Stillstände und Nacharbeit erzeugen Zeitverluste und Mehrkosten.

Schnittstellen im Informationsfluss mit großen Wirtschaftlichkeitsreserven liegen darüber hinaus vor zwischen Schichten (Schichtübergabe), zwischen Vorgängern und ihren Nachfolgern bei längerem (zum Beispiel Urlaub) oder dauerndem Ausscheiden aus Einrichtungen sowie zwischen den Betrieben/Einrichtungen und fremden Erzeugern neuer Informationen (beispielsweise Wettbewerbern, Forschungseinrichtungen, Universitäten).

Informationsdefizite sind die gemeinsame Wurzel von mehreren Mängelgruppen in der Unternehmens- und Arbeitsorganisation (Abb. 1). Deshalb lohnt es, die Wurzel zu sanieren.

Wie ist der Text zu lesen?

- Für Leser, die wenig Zeit, aber arbeitswissenschaftliches Vorwissen haben, genügt die Kurzanleitung (Teil II) in Form der Leitfragengruppen A bis D. Bei Bedarf folgen sie den Verweisen auf Erläuterungen im Teil III.
- Leser, die systematisch eingeführt werden möchten, gehen zum Teil III über und greifen von dort auf die Leitfragen A bis D im Teil II zurück.
- Für Leser, die sich eingehend mit informationsbezogenen Arbeitsanalysen befassen möchten, gibt es vertiefende Literaturhinweise im Text des Teils III.

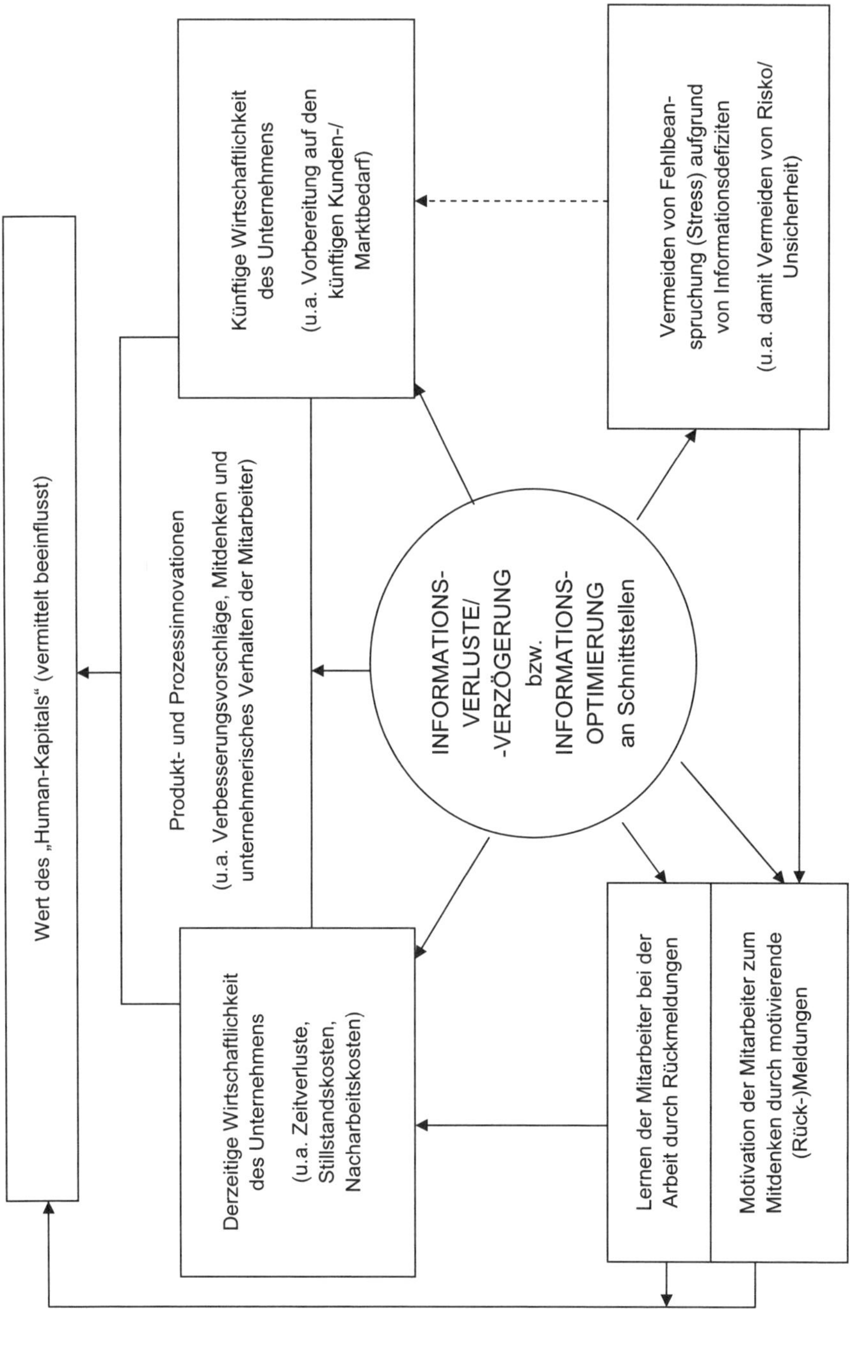

Abbildung 1: *Informationsgestaltung ist der Kern der Unternehmensoptimierung*

II. LEITFADEN: Leitfragen der Informationsflussanalyse

LEITFRAGEN für

A. Vorklärungen durch Auftrags-/Auftragsdurchlaufanalysen

Die in Klammern aufgeführten Abschnitte verweisen auf das Manual (III).

1. Welche Aufträge/Auftragsteile liegen am Arbeitsplatz vor?
   (Abschnitt 3.3–3.4)

2. Welche Schnittstellen (bei artteiliger[1] Arbeitsteilung) bestehen zwischen Aufträgen/Auftragsteilen?
   Das heißt: Ist der Arbeitsplatz mit anderen informationell leistungswirksam gekoppelt?
   (Wenn nein → Informationsflussanalyse hier überflüssig)
   (Abschnitt 1.3; 3.1.1; 3.1.2)

3. Bestehen an den Schnittstellen bereits organisatorische Vorkehrungen zur Optimierung des leistungswirksamen Informationsaustausches am Arbeitsplatz?
   (Wenn ja → Informationsflussanalyse dürfte an diesen Schnittstellen wenig Gewinn ergeben)
   (Abschnitt 1.3)

4. Bestimmt die horizontale und/oder die vertikale Informationskoppelung die Leistung im Auftrag?
   (Abschnitt 3.2)

5. Wird repetierende und/oder innovierende Auftragserfüllung erwartet?
   (Abschnitt 2)

6. Welcher objektive Informationsbedarf besteht zur Auftragserfüllung (unter Beachtung von Punkt 4 und Punkt 5): Wer muss was wann wozu und wie (in welcher Modalität) wissen?
   (Abschnitt 1.1 Abb. 3)

> Beachte:
> Diese Leitfragen gelten sowohl für die Untersuchung der Informationsflüsse zwischen einzelnen Arbeitsplätzen, zwischen Organisationseinheiten (Abteilungen, Teams etc.) als auch zwischen kooperierenden Organisationen.

[1] Artteilig ist eine Arbeitsteilung, bei der verschiedene Mitarbeiter verschiedene Arbeitsfunktionen ausführen (im Gegensatz zu mengenteiliger Arbeitsteilung).

LEITFRAGEN für

B. Analyse des kommunikativen Informationsflusses

1. Welche Informationen werden ausgetauscht?
   (Im Einzelnen vgl. dazu Abb. 2)

1.1 Welche Informationen gibt der jeweilige Informationsgeber (A etc.) dem Informationsbedarfsträger (B) von sich aus?
1.2 Welche Information hält A etc. für Informationen, die B sich bei ihm holen kann?
1.3 Was meint der Informationsbedarfsträger B, dass A etc. ihm an Information zu bringen habe? (vgl. mit 1.1)
1.4 Welche Informationen holt sich B von A etc.? (vgl. mit 1.2)
1.5 Welche Unterschiede (Defizite) bestehen zum objektiven auftragsbedingten Informationsbedarf (vgl. Leitfrage A.6)?

> Beachte:
> Auch die angebotene und die geholte Information gemeinsam (also 1.1 und 1.4) müssen nicht mit der objektiv benötigten übereinstimmen, sofern die Arbeitenden untaugliche Vorstellungen von den zu erfüllenden Aufträgen haben!

2. Auf welche Informationsinhalte (auf welche konkreten „Leerstellen“) beziehen sich die Unterschiede (das heißt die Defizite in handlungsleitendem Wissen, die aus Informationsdefiziten entstehen)?

   (Abschnitt 1.1, Abb.3)

3. In welcher Weise werden die Informationen (bezüglich 1.1 und 1.4) ausgetauscht?
   Liegen modalitätsbedingte Gefährdungen eines optimalen Informationsaustausches vor?

   (Abschnitt 3.1.2)

> Beachte:
> Ungeeignete Informationsmodalitäten können mindestens zu unvollständigen Informationen führen.

4. Welcher Art (fehlende, falsche, nicht zeitgerechte, unvollständige Informationen) sind die gegebenenfalls ermittelten Defizite im Informationsaustausch?

   (Abschnitt 1.2)

Beachte:
Auch diese Leitfragen gelten sowohl für die Untersuchung der Informationsflüsse zwischen einzelnen Arbeitsplätzen als auch zwischen Organisationseinheiten sowie ganzen Organisationen und ihrer Umwelt.

Beispielsweise haben nicht nur Einzelpersonen, sondern auch Organisationen einen objektiven Informationsbedarf – etwa über künftige Kundenbedürfnisse –, ein Informationssuch-(hol)-verhalten etwa zur Markt- oder Technologie-Entwicklung und verschiedenartige Informationsdefizite.

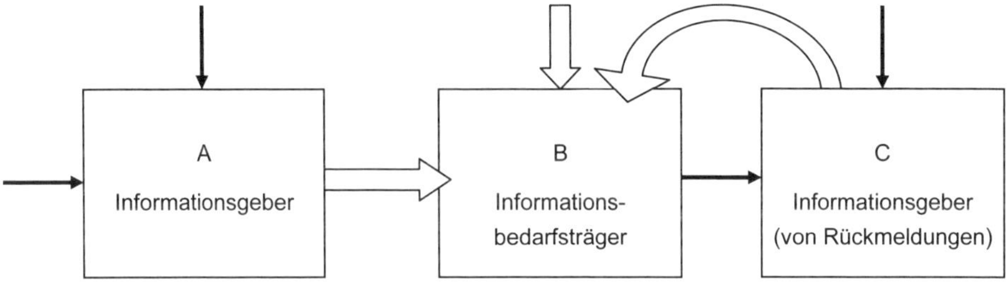

Abbildung 2: *Ausschnitt aus dem kommunikativen Informationsfluss (Die Pfeile kennzeichnen die Herkunft der Information unabhängig vom „Bringen“ oder „Holen“.)*

LEITFRAGEN für

C. Bewerten der Informationen/Informationsdefizite

1. Fehlen unverzögerte Rückmeldungen über Qualität und Umfang der Leistungen der Arbeitenden/Organisationseinheiten?
   Welche Informationsinhalte im Sinne des Leerstellenkonzeptes *(Abschnitt 1.1, Abb. 3)* fehlen gegebenenfalls?

2. Für welche Art der Auftragserfüllung ist die Information ausreichend?

2.1 Genügt der Informationszufluss für eine repetierende (vorgegebene Anweisungen ohne eigene Verbesserungen abwickelnde) Auftragserfüllung mit Basisinformationen?
Welche Informationsinhalte fehlen gegebenenfalls?

2.2 Genügt der Informationszufluss für eine innovierende (Verbesserungen einbringende) Auftragserfüllung auf der Basis von Zusatzinformationen?
Welche Informationsinhalte fehlen gegebenenfalls?

(Abschnitt 2)

Beachte:
Es gibt nicht „das“ Informationsdefizit! Inhaltlich verschiedene Informationsdefizite haben unterschiedliche wirtschaftliche Nachteile:

Stets wird die Leistung beeinträchtigt durch unvollständige und verzögerte *Rückmeldungen.*

Die Auswirkungen anderer Informationsdefizite hängen vom Auftrag ab: Er kann gleichartiges Wiederholen ohne Verbesserungen verlangen oder das Weiterentwickeln der eigenen Auftragsausführung und Arbeitsergebnisse sowie der Gesamtprozesse der Organisation erfordern.

LEITFRAGEN für

D. Ermitteln von Verlusten/Gewinnmöglichkeiten durch Defizitbeseitigung

1. Liegen (und wie oft, wie lange) Verzögerungen in/Verlängerungen von Arbeitsprozessen beziehungsweise Anlagenstillstände durch das Warten auf Information vor?

2. Liegen (wie oft, wie lange) Verzögerungen durch vermeidbare Informationsbeschaffungsaktivitäten vor?

3. Liegen (wie oft, wie lange) Nacharbeit/Zusatzarbeit wegen Informationsdefiziten einschließlich von Vergessen/Übersehen von Informationen vor?

4. Entsteht Zusatzarbeit unter anderem als Suchzeit nach Hilfsmitteln (zum Beispiel Dokumenten, Berechnungen etc.), Arbeitsmitteln (zum Beispiel Werkzeug) oder Arbeitsgegenständen (zum Beispiel Files, Unterlagen, Werkstücke etc.) bei unzureichenden Informationen (zum Beispiel Findeerschwernissen, Kennzeichnungslücken, unzureichender Dokumentationen über den Verbleib: „Wer hat, wo ist X jetzt?“)?

5. Entstehen Zusatzkosten (zum Beispiel durch Ausfälle, Reklamationen, Nachbesserungen, Neubeschaffungen) aufgrund von Qualitätsmängeln, Fehlhandlungen, Fehlern, Sachbeschädigungen, Unfällen durch fehlende, unvollständige, verspätete oder falsche Information?

(Abschnitt 1.4)

Beachte:
Zur finanziellen Abschätzung sind Häufigkeiten, Dauer und Kosten von Arbeitszeitverlusten (inklusive der Gemeinkosten), Kosten von Anlagenstillständen (unter anderem unter Beachtung des gebundenen Kapitals, der Abschreibung, der Kreditkosten), Kosten für vergeudetes Material, für Haftung bei tatsächlichen oder möglichen Schäden zu nutzen.

Nur aus dem Vergleich von Verlustkosten mit den Kosten der Informationsanalyse und des Beseitigens eventueller Defizite sind überzeugende Argumente für Informationsanalysen abzuleiten.

III. MANUAL: Arten, Folgen, Ermittlung und Beseitigung von Informationsdefiziten. Erläuterungen und Hilfsmittel

1. Informationsdefizite – kostspielige, aber vermeidbare Verlustquellen im Arbeitsprozess

1.1 Information ist Voraussetzung erfolgreicher Regulation von Arbeitsprozessen. Bereiche erforderlichen Handlungswissens

Einzelne Arbeitende sowie Gruppen benötigen zur qualitäts- und termingerechten Ausführungen ihrer Arbeitsaufträge die erforderlichen Informationen. Darüber hinaus sind geeignete Informationen Voraussetzungen für die Mitwirkung an der Verbesserung der Betriebsorganisation und der Arbeitsprozesse.
Hinweise darauf, welche Information zur erfolgreichen Arbeitsausführung unerlässlich ist, gibt das so genannte Leerstellenkonzept (Hacker, 1992; 2005). Es benennt mögliche Informationslücken (Leerstellen), die für das bestmögliche Ausführen des Arbeitsauftrags mit handlungsleitendem Wissen gefüllt sein müssen.

Das nachfolgende Schema zeigt, welches handlungsleitende Wissen erforderlich ist. Es kann vergröbert eingeteilt werden in

- *Bedingungswissen* (wenn Ziel a zu erfüllen ist und Ausgangsbedingung b mit der Entstehungsursache c gegeben ist),
- *Maßnahmenwissen* (dann ist Maßnahmenpaket d auszuführen unter Berücksichtigung von Ausführungsbedingung e mit Partner f beziehungsweise Arbeitsmittel g und unter Abwägung der möglichen Folgen beziehungsweise Nebenwirkungen h).

Praktisch bewähren sich die so genannten W- oder Fragewortfragen zum Ermitteln des Wissens, das diese Leerstellen in der Handlungsregulation füllen muss (Abb. 3).
Das W-Fragen-System ist ein Hilfsmittel, das bei der Analyse von Informationsflüssen sowohl das Arbeitsstudium als auch die Gespräche mit den Arbeitenden und gegebenenfalls zusätzliche Befragungen anleitet, um das erforderliche Wissen zu ermitteln (vgl. Anhang F).

1.2 Arten von Informationsdefiziten. Prozessinterne und kommunikative Informationsdefizite

Informationsdefizite treten in unterschiedlicher Form auf. Jede Form führt zu Verlusten im Wertschöpfungsprozess.
Die erforderliche Information kann

- überhaupt nicht vorliegen, also fehlen,
- nicht zur erforderlichen Zeit vorliegen,
- nicht vollständig vorliegen und/oder
- falsch sein.

Bei der Analyse des Informationsflusses müssen diese Arten von Informationsdefiziten getrennt für die oben genannten Wissensbereiche erfasst werden, weil unterschiedliche Informationsdefizite auch unterschiedliche Behebungswege erfordern können.

Bei der Analyse sind stets beide Flussrichtungen von auftragsbezogenen Informationen einzubeziehen, nämlich der Zufluss sowie der Rückfluss von Information, die Rückmeldungen. Rückmeldungen sind unerlässlich für das Funktionieren und für die Weiterentwicklung von Vorgängen und von Systemen (Arbeitseinheiten, Unternehmen, Organisationen). Daher müssen Informationsdefizite sowohl in den Informationszuflüssen wie den Informationsrückflüssen erfasst werden.

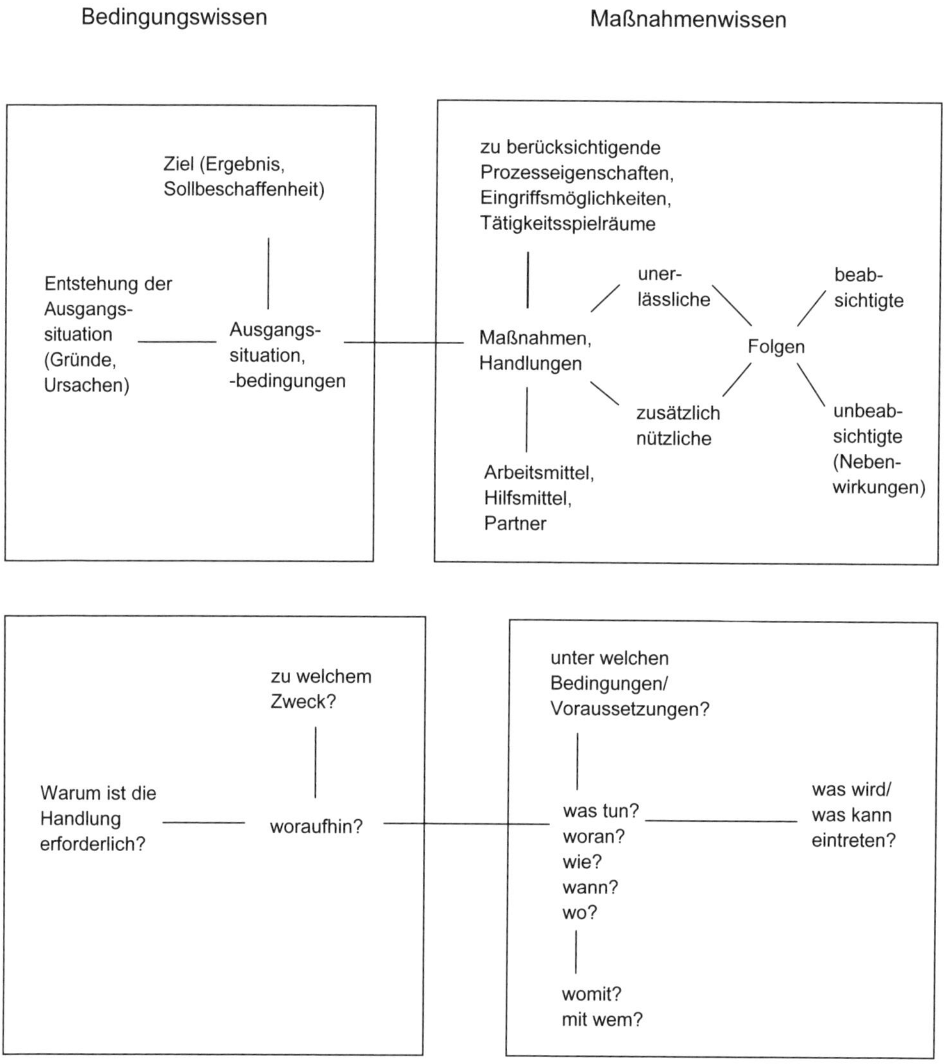

Abbildung 3: *„Leerstellen-Schema": Was gehört zum handlungsleitenden Wissen? (Hacker, 1992) Oberer Teil: System der Wissensinhalte; unterer Teil: System der wissensermittelnden Fragen (W-Fragen).*

Informationsdefizite können im Arbeitsprozess vorliegen innerhalb des Arbeitsprozesses eines Bearbeiters an einem einzelnen Arbeitsplatz sowie zwischen Arbeitsplatzinhabern an verschiedenen Arbeitsplätzen, also in der zwischenmenschlichen Kommunikation.
Üblicherweise wird bei Informationsflussanalysen an den Informationsfluss zwischen Arbeitsplätzen und deren Arbeitsplatzinhabern gedacht. Dabei entstehen die *kommunikativen* Informationsdefizite an den Schnittstellen zwischen Arbeitsplatzinhabern (vgl. Abschnitt 1.3).

Selten werden dagegen Defizite im Informationsfluss an einem *einzelnen Arbeitsplatz unabhängig von zwischenmenschlichen Kommunikationsbeziehungen* berücksichtigt. Durch Forderungen in Normen, beispielsweise zur Softwaregestaltung, werden am ehesten Defizite in Rückmeldungsinformationen, beispielsweise verzögerte, unverständliche oder ausbleibende Rückmeldungen von Arbeitsmitteln oder technologischen Prozessen und dadurch verursachte Leistungsstörungen berücksichtigt. Jedoch lösen auch Defizite im Informationszufluss aus dem Arbeitsprozess eines einzelnen Arbeitsplatzes Leistungsstörungen oder ein Leistungsversagen aus.

Einfache Beispiele dafür sind physikalische Blendung während der Fahrzeugführung, Vertäubung durch Lärm oder Maskierung von handlungsleitender akustischer Information durch Störgeräusche. Die Blendung beispielsweise unterbindet zeitweilig den optischen Informationszufluss und auf diesem aufbauende bedingungsgerechte Maßnahmen. Die hohen Aufwendungen beispielsweise der Fahrzeugindustrie für die Blendungsvermeidung kennzeichnen die Bedeutung von Informationszuflussanalysen auch im einzelnen Arbeitsprozess, also außerhalb von Kommunikationsbeziehungen.

Defizite im Informationszufluss sowie Informationsrückfluss aus dem Arbeitsprozess eines einzelnen Arbeitsplatzes liegen des Weiteren auch bei Arbeitsweisen vor, welche die Informationsaufnahme übersehen, übergehen oder beschränken. Diese Defizite in der individuellen Informationsaufnahme und -verarbeitung sind häufig Ursachen von Handlungsfehlern und Fehlhandlungen.

Beispielsweise wird bei Zeitdruck oft die gründliche Informationsaufnahme bewusst abgekürzt oder bei Routinisierung unbewusst verkürzt.

Insbesondere die Aufnahme und Verarbeitung von Informationsrückflüssen, also von Rückmeldungen zu eigenen Arbeitsergebnissen, kann vernachlässigt sein. Es entstehen dabei Defizite in der Kontrolle auf Vollständigkeit und Fehlerlosigkeit der Bearbeitung. Ihre wirtschaftlichen Folgen hängen von der Möglichkeit der Fehlerfortpflanzung und von Fremdkontrollen ab. Des weiteren entstehen bei ungenügender Rückmeldungsaufnahme Defizite in der so genannte Reflexion über das eigene Vorgehen: Fehlendes kritisches Bedenken des eigenen Handelns beeinträchtigt das Lernen aus dem und für das Arbeiten („learning by doing", „on the job") sowie das „Mitdenken" im Sinne unternehmerischen Verhaltens (z.B. Beteiligung am Vorschlagswesen; Initiativen innovativer Art am Arbeitsplatz und in der Organisation).

Informationsflussanalysen können also nicht kurzerhand beschränkt werden auf die Informationsflüsse zwischen Arbeitenden an verschiedenen Arbeitsplätzen und deren kommunikative Informationsdefizite.

1.3 Ursachen von Informationsdefiziten

Aus dem Blickwinkel der Behebung von Informationsdefiziten ist es erforderlich, ihre Ursachen zu ermitteln. Die folgenden Darlegungen *beschränken sich auf kommunikative Informationsdefizite zwischen Arbeitsplatzinhabern*. Beim Interesse an Informationsdefiziten innerhalb einer Arbeitstätigkeit an einem Platz vergleiche man hierzu beispielsweise Hacker (2005, Kapitel 16, 19 und 20).
Wenn von absichtlicher Informationszurückhaltung oder -verfälschung abgesehen wird, können zwei Hauptgruppen von Ursachen kommunikativer Informationsdefizite unterschieden werden. Das sind Mängel in der Aufbau- und Ablauf- einschließlich Arbeitsorganisation sowie prinzipielle Merkmale der menschlichen Kommunikation.

Die *organisatorischen Mängel* konzentrieren sich auf die so genannten Schnittstellen im horizontalen Informationsfluss mit der Weitergabe der Arbeitsgegenstände sowie im vertikalen Informationsfluss zwischen Führungsebenen und Ausführungsebenen. Der Begriff der Schnittstelle benennt die Gefahr des Zerschneidens anstelle des Verknüpfens der Informationsflüsse an den erforderlichen Übergabestellen.
Die Anzahl dieser Übergabestellen und damit die Wahrscheinlichkeit von Informationsverlusten wächst mit der artteiligen Arbeitsteilung, weil damit die *Schnittstellenanzahl* steigt. Des Weiteren wächst die Wahrscheinlichkeit von Informationsverlusten mit der *Formalisierung* der Informationsflüsse, sofern diese die handlungsrelevanten Informationsbestandteile einschränken. Beispiele dafür können Auswahlantwortsysteme („Zutreffendes ankreuzen") sein oder eine elektronische Informationserfassung, die meist nicht-begrifflich (nicht alphanumerisch) fassbare implizite Information (Erfahrungswissen, das im Handeln wirksam wird, jedoch nicht im Reden über das Handeln) ausschließt.
Schnittstellenbedingte Defizite im Informationsfluss können in Organisationen sowie zwischen Organisationen vorliegen. Daher ist die Informationsflussanalyse mit dem Ziel der Optimierung auf mehreren Ebenen einsetzbar:
Schnittstellen in einer Organisation liegen vor

- innerhalb von Schichten entlang dem Fluss der Arbeitsgegenstände (horizontaler Informationsfluss),
- innerhalb von Schichten zwischen Weisungsebenen (vertikaler Informationsfluss),
- bei der Schichtübergabe zwischen Schichten,
- bei der Übergabe von Information und Wissen an Vertreter oder Nachfolger.

Schnittstellen zwischen Organisationen liegen vor

- zwischen Auftraggebern beziehungsweise Zulieferern beziehungsweise Dienstleistern und Fertigern/Bearbeitern sowie zwischen diesen und ihren Kunden,
- zwischen Betrieben in Netzwerken beziehungsweise zwischen den Betrieben und den Netzwerkbrokern bezüglich der Informationsflüsse über wechselseitig nutzbare Ressourcen.

Die *allgemeinmenschlichen Merkmale der aufgabenbezogenen Kommunikation*, die zu unbeabsichtigten Informationsdefiziten bei den Empfängern von Information führen können, gehen darauf zurück, dass Informationsgeber unreflektierte Annahmen entwickeln. Diese Annahmen beziehen sich darauf

- was ein Empfänger von Information für seine Aufgaben an Information *benötigt*,

- was der jeweilige Geber ihm dazu *mitteilen* muss,
- was der Empfänger bereits *weiß* und daher im Falle der Mitteilung möglicherweise als überflüssig oder gar als Unterschätzung seines Wissens bewerten könnte.

Das schließt Vorstellungen des Informationsgebers über die Anforderungen des Arbeitsauftrags des Informationsnehmers ein, deren Angemessenheit von organisatorischen Regelungen abhängt. Beispielsweise könnte das durch Kenntnisse aus der Arbeitsrotation, aus Vertretungen oder aufgrund von überlappenden Auftragsgrenzen gewährleistet sein, sofern es solche Regelungen gibt.
Des Weiteren haben Informationsgeber mehr oder weniger zutreffende Annahmen über *Bring- bzw. Hol-Pflichten* von Information („Wer etwas wissen will, kann mich fragen").

Diese Annahmen sind ein Ausdruck der Unternehmenskultur und damit der Organisationsgestaltung. Sie können also nicht kurzerhand als Tendenzen Einzelner, etwa selbstloser oder egoistischer oder gar böswilliger Art im Sinne absichtlicher Informationszurückhaltung (als Form von „Mobbing"), verstanden werden.
Die Annahmen des Informationsgebers A über den Informationsbedarf des Informationsnehmers beziehungsweise richtiger des Informationsbedarfsträgers B können unschwer abweichen von dem tatsächlichen Bedarf. Das geht auf Wissensunterschiede von A und B sowie darauf zurück, dass die Annahmen über die Aufgaben anderer (hier also von B) abhängen von der eigenen Aufgabe (hier der von A). Man sieht die Anforderungen an andere durch die „Brille" der eigenen Anforderungen. Da bei artteiliger Arbeitsteilung auch im Informationsfluss benachbarte Arbeitende in der Regel verschiedene Aufgaben auszuführen haben, können also verschiedene Sichten von der gleichen Aufgabe entstehen. Das gilt nicht nur für horizontale Informationsflüsse, sondern ebenso für vertikale.

Für Informationsflussanalysen bedeutet das, dass sie zu untersuchen haben:
- Was benötigt B am Arbeitsplatz b für seine Aufgabe von A am Arbeitsplatz a sowie von C usw. objektiv an Informationen wann und wie?
- Was meint A, dass B von ihm benötigt? Welche Information gibt er von sich aus weiter, welche hält er für Holinformationen?
- Was meint B, dass A ihm an Informationen wann und wie weitergeben müsste (Bringinformationen)?
- Was meint B, dass er sich selbst von A sowie von C etc. an Information holen müsse (Holinformation)? Welche zu beseitigenden Unterschiede bestehen im Vergleich zur ersten Frage?

Diese Fragen gelten für die unterschiedlichen Typen von Arbeitsprozessen gleichermaßen. Beispielsweise gilt das
- für Fertigungs- oder Montagelinien oder auch bei Ketten von Sachbearbeitungsaufgaben, wobei es sich um Informationsflüsse zwischen Arbeitenden an verschiedenen Arbeitsplätzen sowie zwischen Vorgesetzten und ihren Mitarbeitern handeln kann;
- für Krankenhausstationen auf denen im Falle von Funktionspflege der „Arbeitsplatz" die ganze Station mit ihren verschiedenen Zimmern und Patientenbetten ist. (Hierbei betreffen die Fragen die Informationsflüsse zwischen verschiedenen Pflegekräften sowie – unabhängig vom Pflegeprinzip – die Informationsflüsse zwischen dem Pflegepersonal, dem

ärztlichen Personal, dem Laborpersonal, dem Röntgen- oder dem physiotherapeutischen Personal etc. sowie zwischen dem Personal und den Patienten);
- für Schulen mit Informationsflüssen zwischen Lehrern, die gleiche Schüler in verschiedenen Fächern unterrichten sowie zwischen Lehrern und Hortbetreuerinnen, dem Schulpsychologen, dem Sozialarbeiter und den Schülern mit ihren Eltern.

Die benannten Fragen lassen bereits arbeitsorganisatorische Strategien für die Optimierung von Informationsflüssen erkennen. Zu diesen gehören offensichtlich unter anderem wechselseitige Vertretungen, Unterstützungen oder Arbeitsrotation, die nicht nur *Wissen* um den tatsächlichen Informationsbedarf am anderen Arbeitsplatz schaffen, sondern durch die Wechselseitigkeit auch für eine optimale Informationsweitergabe *motivieren* (mit Hilfe des Gleichgewichts des Gebens und Empfangens von Nutzen).

1.4 Gewinne aus dem Vermeiden von Informationsdefiziten

Die möglichen Gewinne aus dem Vermeiden von Informationsdefiziten betreffen im engeren Sinne die Bearbeitung des jeweiligen Arbeitsauftrags und im weiteren Sinne das Unternehmen beziehungsweise die Organisation insgesamt. Der Nutzen ist monetär als „return of investment“ und umfassender als „value of investment“ beschreibbar. Wir folgen hier der zweiten Sichtweise, welche die erste einschließen kann.

Überlegungen zu den branchen- und prozessspezifischen möglichen Gewinnen sind bereits in der Vorphase einer Informationsflussanalyse erforderlich, weil eine stichhaltige Gewinnermittlung das Analysieren der Zustände bereits *vor* der Informationsflussanalyse und *vor* der Umsetzung eventuell abgeleiteter Maßnahmen erfordert. Nur dann können Untersuchungen *nach* der Einführung von Informationsflussverbesserungen Unterschiede erkennen lassen, die auf abgeleitete Veränderungsmaßnahmen zurückgeführt werden können.
Für die Vergleiche werden Merkmale benötigt. Sie sind branchen- und auftragsabhängig und daher oft zunächst in Voruntersuchungen zu ermitteln:

1.4.1 Gewinne aus dem Vermeiden von Informationsdefiziten beim Bearbeiten einzelner Arbeitsaufträge

Die Leitidee für die Verbesserung des Informationsflusses ist, dass idealerweise alle an einem Arbeitsplatz benötigten Informationen im Arbeitsgegenstand beziehungsweise mit ihm sich zutreffend, rechtzeitig und vollständig *selbst anbieten* sollten. Aktivitäten eigens zur Informationsbeschaffung, Informationsergänzung oder Informationskorrektur sowie Wartezeiten auf Informationen sollten also minimal sein.
Durch die sich vollständig anbietende Information wäre des Weiteren erreicht, dass Handlungen mit ungenügender Informationsbasis (so genannte unsichere und Risikohandlungen) mit ihren unerwünschten Folgen wie Fehlhandlungen, Qualitätsmängeln, Unfällen oder Sachbeschädigungen ausgeschlossen sind.

Anhand dieser Leitidee sind einige allgemeingültige Merkmale zur Beschreibung und teilweise zur Quantifizierung (unter anderem auch in monetärer Form) von Defiziten im Informationsfluss ableitbar. Sie eignen sich für einen Vorher-Nachher-Vergleich bei Verbesserungsmaßnahmen.

Zu diesen Merkmalen gehören unter anderem:

- Verzögerungen/Verlängerungen von Arbeitsprozessen durch das *Warten* auf Informationen (Dauer der Verlustzeit mal Kosten des Arbeitszeitverlustes und möglicher Anlagenstillstände oder Anlagen-Nichtnutzungen, Gewinnausfall etc.).
- Verzögerungen/Verlängerungen von Arbeitsprozessen durch *zusätzliche*, das heißt bei ausreichendem Informationsangebot überflüssige *Informationsbeschaffung* beziehungsweise Informationserzeugung (wie oben).
- Zusatzaufwand für *Nacharbeit* oder *Zusatzarbeit* wegen Informationsdefiziten (Dauer mal Kosten pro Zeiteinheit).

  Ein häufiges Beispiel ist *Zusatzarbeit* in Form von Suchzeit für schlecht auffindbare Arbeitsmittel (Werkzeuge) oder Arbeitsgegenstände (Werkstücke, Dokumente, Berechnungen, Vermerke).

  Beispiele für durch Informationsmangel erzeugte *Nacharbeitszeiten* sind Zusatzaufwendungen im Sinne der Wiederholung und Ergänzung von Arbeitsgängen, weil bei der ersten Ausführung nicht alles Geforderte erledigt wurde.

  Diese Beispiele werden oft als *„Vergessen"* klassifiziert. Vergessen ist ein Informationsdefizit, das in jedem Falle auf Gestaltungsmängel zurückgeht. Das illustrieren zum Beispiel die Gestaltungsfortschritte in neueren Fahrzeugen gegen das Vergessen wie Warntöne beim Fahren mit angezogener Handbremse.

  Vergessen kann auch die kommunikative Informationsweitergabe betreffen und dann auf Defizite in deren Gestaltung verweisen.
- Zusatzkosten durch *Qualitätsmängel, Fehlhandlungen* und *Fehler,* Sachbeschädigungen oder Unfälle mit Personenschaden aufgrund fehlender, unvollständiger, falscher oder verspäteter Information. Der Erfassungsaufwand dafür kann beträchtlich sein, lohnt jedoch. Unfälle und Havarien mögen selten sein, dafür aber hohe Kosten bedingen. Umgekehrt sind Qualitätsmängel oft weniger kostenwirksam, dafür aber häufiger.

1.4.2 Gewinne für die Organisation insgesamt durch das Vermeiden von Informationsdefiziten

Information, die möglicherweise für die ordnungsgemäße Auftragsabwicklung (repetierendes Handeln) nicht erforderlich wäre, kann eine Grundlage für Aktivitäten der Mitarbeiter sein, die über das reguläre Ausführen ihrer Aufträge hinausgehen und dabei Gewinne erzeugen, die ohne diese Informationen nicht entstanden wären (innovierendes Handeln).
Insofern liegt ein Informationsdefizit im weitern Sinne vor, wenn diese Extrainformation fehlt.

Die Extrainformation wird in der Regel benötigt

- um nützliche *Verbesserungsvorschläge* machen zu können,
- um die eigene Arbeit im Sinne eines *unternehmerischen Verhaltens* (intrapreneurship) und des *Mitdenkens* für die Organisation (organizational citizenship behavior) auszurichten oder auch um die eigene Arbeit im Sinne eines Dienstleisters, der seine Kunden umsorgt

(Dienstleister-Kunden-Auffassung jeder Arbeitsaufgabe), zu verrichten und damit beispielsweise eine Informationsbringpflicht für nachgelagerte Arbeitsplätze zu realisieren.

Ein Defizit im Bereitstellen derartiger Extrainformation behindert nicht nur informationell Verbesserungsaktivitäten und das Mitdenken der Mitarbeiter, sondern bremst auch motivational. Zugespitzt: *Informationsdefizite können auch Motivationsdefizite bedingen.*

Kriterien für Gewinne aus dem Beseitigen von Informationsdefiziten im weiteren Sinne können daher beispielsweise auch Verbesserungsvorschläge, die Mitarbeit in Qualitäts- oder Gesundheitszirkeln oder die Übernahme zusätzlicher Aufgaben sein.
Hierfür ist eine monetäre Bewertung seltener möglich, obgleich ein Gewinn im Sinne des Value of Investment vorliegen dürfte.

2. Bewertung ermittelter Informationsdefizite

Die verschiedenen Informationsdefizite sind nicht gleichwertig. Es ist also nicht gleichgültig, ob zum Beispiel Wissen um das geforderte Ergebnis fehlt („Ich weiß nicht genau, was ich eigentlich erreichen soll“) oder Wissen um Entstehungsursachen der zu verändernden Situation („Wie auch immer es hierzu kam, ich muss eine Maßnahme X mit dem Arbeitsmittel Y zum Erreichen von Ziel Z ausführen“).

Eine Bewertung der Informationsdefizite ist erforderlich, weil für manche Arbeitsaufgaben bestimmte Informationsdefizite ohne Leistungseinbuße erträglich sind, für andere dagegen nicht. Die Bewertung der konkreten Informationsinhalte richtet sich also nach den jeweils geforderten Leistungen. Deshalb muss arbeitsanalytisch jeweils untersucht werden, wer was wozu wann wissen muss (Auftragsanalyse, vgl. Abschnitte 3.3 bis 3.4).

Generell, also unabhängig von den jeweiligen spezielleren Arbeitsanforderungen, gibt es zwei Gesichtspunkte zur Bewertung von Informationsdefiziten:

1. *Informationsrückfluss.* Stets motivations- und leistungsbeeinträchtigend ist das Fehlen von unverzögerten Rückmeldungen über die Qualität und den Umfang der Leistungen von Arbeitenden.
   Das gilt zunächst unabhängig von der Quelle dieser Rückmeldung: Die Rückmeldungen können im Arbeitsprozess vom Arbeitenden selbst gewonnene Rückmeldungen, sozial vermittelte Rückmeldungen von Kollegen, Leistungsempfängern (Kunden, Patienten, Schülern) oder Vorgesetzen sowie Rückmeldungen durch andere Komponenten der Arbeitsprozesse (z.B. aus Computern, Maschinen oder Prozessfunktionen) sein.
   Bei sozial vermittelten Rückmeldungen treten zu den auf den Arbeitsprozess unmittelbar bezogenen Informationsinhalten häufig Bewertungen hinzu. Diese stellen einen spezifischen Problembereich dar, der äußerst wirksam sein kann, aber über das engere Anliegen der arbeitswissenschaftlichen Informationsflussanalyse hinausgehend organisationspsychologische, sozialpsychologische, motivationspsychologische und gesundheitspsychologische Fragestellungen betrifft (vgl. Abb. 1 in Teil I).

2. *Informationszufluss.* Generell, also unabhängig vom konkreten Informationsbedarf der jeweiligen Arbeitsaufgabe trägt des Weiteren zur Bewertung von Informationsdefiziten im Informationszufluss (also nicht bei Rückmeldungen) die Unterscheidung zweier Klassen

von Arbeitsaufträgen bei. Aufträge, deren Ausführung im Rahmen der geforderten Ausführungsweise verbleiben soll (repetierende Aufträge), können unterschieden werden von Aufträgen, bei deren Ausführung auch die Weiterentwicklung des Ausführungsprozesses, gegebenenfalls auch des Arbeitsgegenstandes und der Organisation erwartet wird (innovierende Aufträge).

Das in Abschnitt 1.4.2 angesprochene unternehmerische Verhalten und das Organizational-citizenship-Verhalten sind den innovierenden Aufträgen zuzuordnen. (Bei näherem Interesse hierzu vgl. Hacker, 2005, S. 204–206).

Informations- bzw. Wissensdefizite, die ein auftragsübersteigendes oder auftragsverbesserndes, innovierendes Verhalten behindern, müssen repetitierende Aufträge (Basisleistungen) nicht beeinträchtigen, sind für diese also keine Defizite (Tabelle 1).

Tabelle 1: *Hilfe zur Bewertung von Informationsdefiziten*

1. Auftragserfüllung (Basisleistung) gefährdet bei Defiziten in	• Ziel-/Ergebnisinformation • Information um zu berücksichtigende Ausgangs- und Ausführungs-Bedingungen (Prozesseigenschaften, Eingriffsmöglichkeiten) • Information zu Maßnahmen (Ziel-Bedingungs-Maßnahmen-Information)
2. Auftragserfüllung als Basisleistung nicht gefährdet, jedoch Gefährdung von auftragsübersteigenden und -verbessernden Aktivitäten (Zusatzleistungen) bei Defiziten in	• Information zu Tätigkeitsspielraum für Maßnahmenvarianten • Information zu (Spät-)Folgen, Nebenwirkungen • Information zu Voranzeichen für entstehende Zustände/Vorgänge (Ausgangssituationen für Maßnahmen)

Information zum Aufbau von Wissen, das für repetierende Auftragserfüllung ausreicht, kann als Basisinformation/-wissen bezeichnet werden. Wissen, das für innovierende Auftragserfüllung erforderlich ist, kann dagegen als Optimalwissen verstanden werden (Hacker, 2005, S. 402–403). Die Tabelle 1 stellt unter Verwendung der Begriffe aus der Abbildung 1 eine Bewertungshilfe dar.

Man erkennt: Informationsdefizite als Fehlen, Verspätung oder Unvollständigkeit von Informationen über Zielmerkmale, über zu ergreifende Maßnahmen für das Erreichen des Ziels sowie über zu berücksichtigende Ausführungsbedingungen bedeuten, dass die Basisleistung, das heißt die Erfüllung der geforderten Aufträge beeinträchtigt ist, weil das Basiswissen um Ziel, Bedingung und Maßnahme (ZBM-Wissen) nicht vorliegt. Diese Defizite sind also leistungsgefährdende Informationsdefizite.

Informationsdefizite bezüglich der über den Auftrag hinausgehenden Zusatzziele, der Ursachen des vorliegenden Zustands, der möglichen Spätfolgen oder Nebenwirkungen von Maßnahmen, der Voranzeichen für zu beachtende Bedingungen, der Entscheidungsmöglichkeiten für rationelle Ausführungsvarianten stellen hingegen das auftragsgerechte Abwickeln der Leistungen nicht in Frage. Diese Informationsdefizite gefährden also die Basisleistung nicht. Sie sind weniger kritisch als die oben genannten Informationsdefizite. Das gilt allerdings nur, sofern keine Abweichungen von vorgegebenen Bedingungen im Arbeitsprozess eintreten und sofern keine Eigeninitiative im Sinne von Prozess- oder Produktverbesserungen und von unternehmerischem Verhalten der Mitarbeiter erwartet wird.

Diese unterschiedliche Bewertung verschiedener Informationsdefizite zeigt, dass die Informationsflussanalyse sich nicht darauf beschränken kann, Defizite überhaupt zu ermitteln, sondern dass sie die Arten der fehlenden, unvollständigen beziehungsweise verspäteten Informationen feststellen sollte.

3. Vorgehen

Zunächst ist zu prüfen, ob Informationsflussanalysen einen Nutzen versprechen.

3.1 Prüfen der Voraussetzungen für den Nutzen von Informationsflussanalysen

3.1.1 Sind die Arbeitsprozesse ergebniswirksam informationell gekoppelt?

Kommunikationsbezogene Informationsflussanalysen interessieren – abgesehen von Vertretungs- und Nachfolgereinarbeitungen sowie Schichtübergaben – nur für die informationell gekoppelten Arbeitsprozesse. Vereinfacht: Wenn der Nächste, der am gleichen Arbeitsgegenstand arbeitet, vom anderen etwas erfahren müsste, was er bei seinen Arbeitsschritten beachten sollte. Kommunikationsbezogene Informationsflussanalysen sind also bei Arbeitsprozessen zweckmäßig, welche

- für die Auftragserfüllung wiederholt genutzte informationelle Schnittstellen aufweisen,
- über die solche Informationen übergeben beziehungsweise eingeholt werden, die für den Zeitbedarf oder die Qualität der eigenen Auftragserfüllung oder der anderer Arbeitender mitbestimmend sind.

Das bedeutet, dass Informationsflussanalysen *keinen* Nutzen versprechen, wenn Aufträge zwar kooperativ artteilig von mehreren Arbeitskräften ausgeführt werden, aber diese Aufträge sich weitgehend gleichartig wiederholen und die Arbeitsplätze außerdem informatorisch weitgehend von einander entkoppelt sind, also zwischen den Arbeitsplätzen kaum ausführungs- und ergebnisbestimmende Information ausgetauscht werden muss.

3.1.2 Welcher Typ informationell gekoppelter Arbeitsprozesse liegt vor?

Es gibt mehrere Typen von informationell ergebniswirksam gekoppelten artteiligen Arbeitsprozessen, bei denen Informationsflussanalysen Defizite aufdecken und Verbesserungshinweise erbringen können. Sie unterscheiden sich hauptsächlich durch die Reihen- oder Parallelanordnung wertschöpfender Arbeitsprozesse am gleichen Arbeitsgegenstand, die in den

Informationsfluss eingeordnet sind, sowie durch den Umfang des vertikalen Informationsflusses zwischen unterstützenden und wertschöpfenden Geschäftsprozessen.
Das sind auf der Ebene der *einzelnen* Arbeitskräfte insbesondere

- artteilige Bearbeitung im Auftragsdurchlauf (zum Beispiel Reihenfertigungen) mit häufig wechselnden Arbeitsaufträgen (beispielsweise Kleinserien- oder Einzelfertigung). Hierbei sind horizontale, das heißt auf der Ausführungsebene ablaufende, und vertikale, das heißt von oder zu hierarchisch übergeordneten Führungsebenen laufende Informationszuflüsse und Rückflüsse zu berücksichtigen. Die Abbildung 4 schematisiert die möglichen Informationsflüsse. Im Falle der Auftragsbearbeitung im Reihenprinzip gibt es oft keine nebengelagerten, „parallel geschalteten" Arbeitsplätze.
- artteilige (z.B. personenbezogene) Dienstleistungen, bei denen die horizontale Flussebene durch kommunikative Informationsflüsse zwischen Dienstleistern, beispielsweise Pflegern oder Verkäufern, und Dienstleistungsnehmern, beispielsweise Patienten oder Kunden, erweitert ist um Informationsflüsse mit parallelen, nebengelagerten Arbeitsfunktionen (zum Beispiel dem ärztlichen, dem Labor- oder physiotherapeutischen Dienst beziehungsweise der Änderungsschneiderei oder dem Montageservice, vgl. Abb. 5).

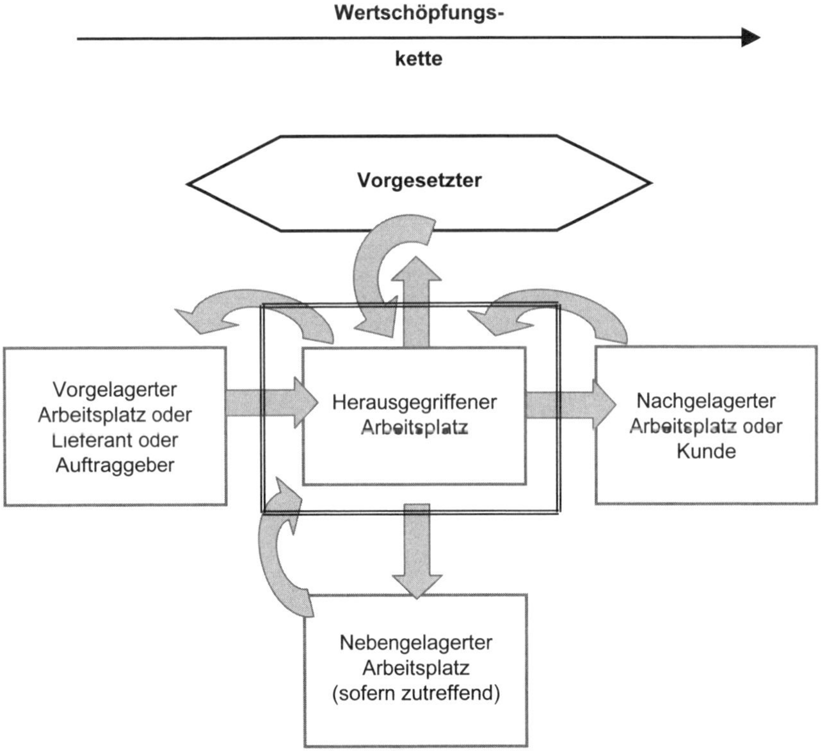

Abbildung 4: *Informationsflüsse von/zu einem aus dem Gesamtfluss mit überwiegender Reihenanordnung herausgegriffenen einzelnen Arbeitsplatz mit vollständiger informationeller Kopplung (Hacker, 1995, S. 83); (Pfeile: Informationszufluss bzw. -rückfluss; Doppellinien: Schnittstellen).*

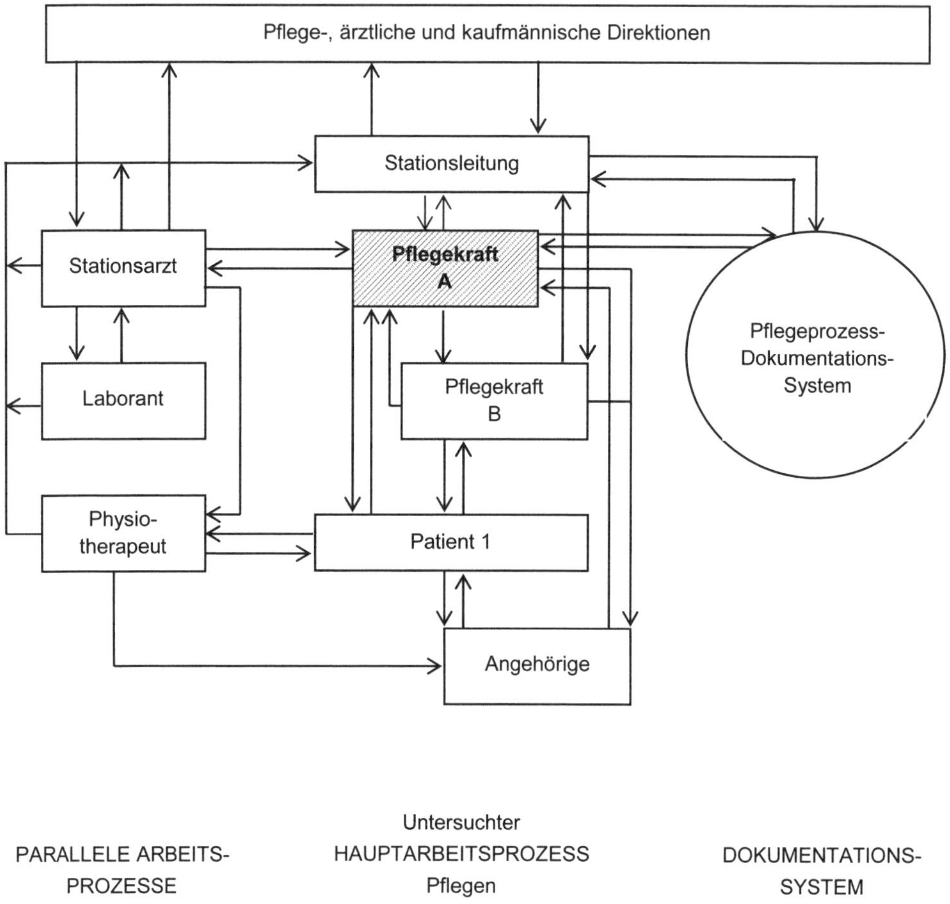

Abbildung 5: *Informationsfluss (vereinfacht, Ausschnitt) von/zu einer herausgegriffenen Arbeitskraft (A) bei Überwiegen von arbeitsteiliger Parallelarbeit am gleichen „Arbeitsgegenstand" (Patient) und vollständiger informationeller Kopplung (Pflegen bei überwiegender Ganzheitspflege; d.h. geringer Arbeitsteilung im Pflegen. Schichtübergabe nicht dargestellt).*

Auf der übergeordneten Ebene von *Organisationseinheiten* können Informationsflussanalysen Defizite aufdecken insbesondere im Informationsfluss zwischen horizontal, das heißt entlang dem Fluss der Wertschöpfung informationell voneinander abhängigen artteiligen Organisationseinheiten, sowie vertikal, das heißt im Informationsfluss zwischen Führungs- und Ausführungsebenen (vgl. Abb. 6).

Allen Typen informationell gekoppelter Arbeitsprozesse ist das Vorhandensein von Schnittstellen, idealerweise von Nahtstellen, zwischen Informationsträgern gemeinsam.

Die weiteren methodischen Darlegungen treffen – trotz terminologischer Unterschiede bei der Untersetzung – auf alle Typen informationell gekoppelter Arbeitsprozesse zu.

Die Verbindungspfeile in den Abbildungen 2 und 4 bis 6 symbolisieren Informationsflüsse. Diese können verschiedene *Sinnesgebiete* (Informationsmodalitäten) nutzen, die in der Analyse gleichfalls erfasst werden müssen. Das ist erforderlich, weil beispielsweise die Gefahr des Überhörens, Verhörens oder Vergessens bei mündlicher Informationsweitergabe größer als bei schriftlicher ist, oder weil bei schriftlicher seltener Wiederholungen oder Bestätigungen übergebener Information gefordert werden als bei mündlicher. Die Informationsmodalität kann also in unterschiedlichem Maße zu Defiziten beitragen und muss deshalb Gegenstand von Verbesserungsmaßnahmen sein.

Zu denken ist unter anderem an:

- mündliche oder telefonische Information (kein Lesen erforderlich; keine Dokumentation; Rückfragen und Wiederholungen sind unmittelbar möglich),
- schriftlich materialisierte Information (zum Beispiel Begleitkarten, Akten) (Lesen erforderlich zur Informationsaufnahme, dieses Lesen kann in unterschiedlichem Maße flüchtig sein; Information ist dokumentiert; keine unmittelbare Rückmeldung durch Wiederholungen oder Fragen),
- schriftlich-elektronische Information (E-Mail) (wie oben und in der Regel nur ortsgebunden am Computerstandpunkt abrufbar).

Sofern leistungsbestimmende Information im vertikalen Informationsfluss ausgetauscht wird, sind in der Analyse die Besonderheiten vertikaler Informationsflüsse zu berücksichtigen:

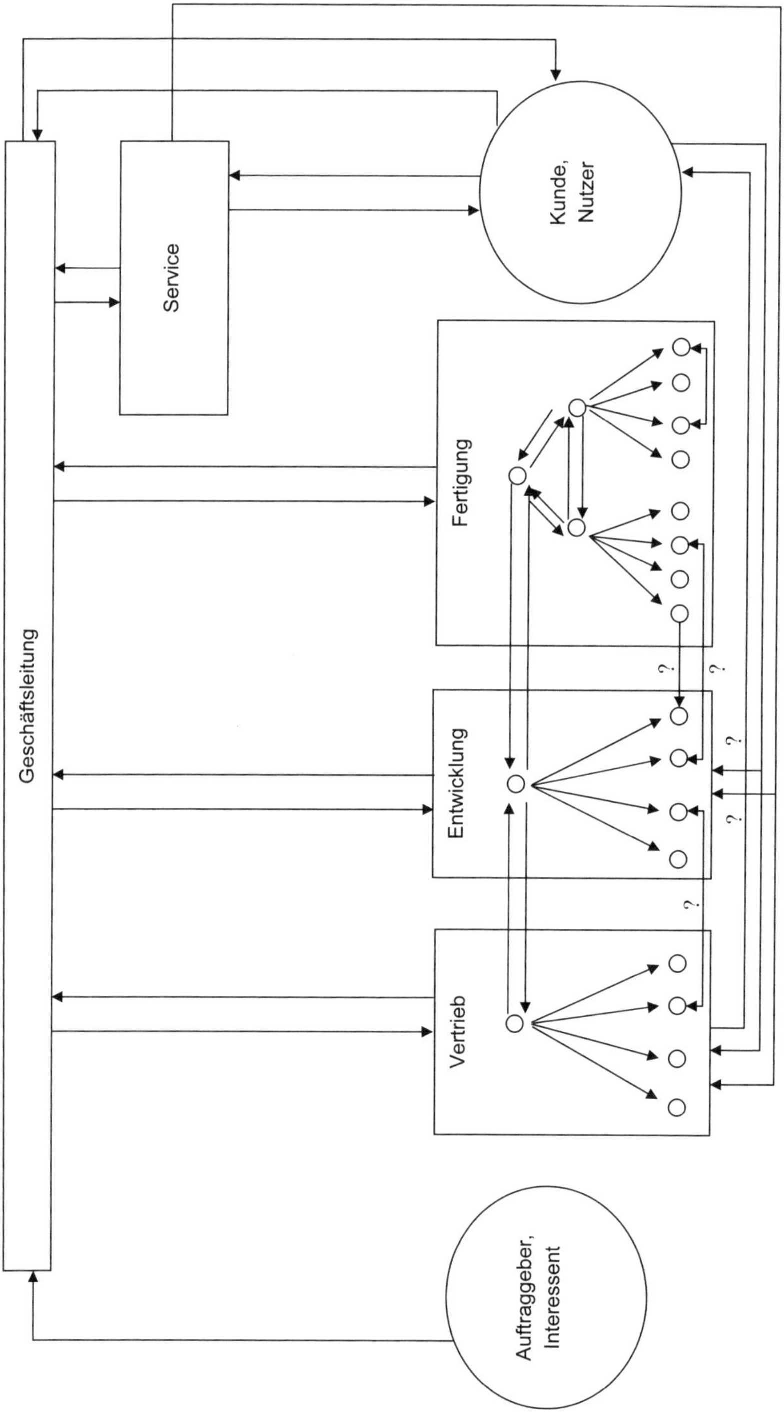

Abbildung 6: *Informationsfluss zwischen Organisationseinheiten von Unternehmen sowie deren Auftraggebern/Interessenten und Kunden/Nutzern (vereinfacht, Ausschnitt; die meisten interindividuellen Informationsflüsse sind ausgelassen); Fragezeichen kennzeichnen häufge Defzite; man erkennt: Arbeitsgruppen haben keine überlappenden Zugehörigkeiten, Rückmeldungen von Nutzern gehen nicht direkt zu Entwicklern und/oder Fertigern und der Informationsflusszwischen Mitarbeitern verläuft nur über deren Vorgesetzte etc.*

3.2 Stehen die Besonderheiten vertikaler Informationsflüsse im Vordergrund des Interesses?

Vertikale Informationsflüsse verlaufen zwischen Vorgesetzten und Mitarbeitern.
Jeder Informationsfluss hat sowohl orientierende als auch motivationale Aspekte. In der Vorgesetzten-Mitarbeiter-Kommunikation ist der *motivationale Aspekt* von noch größerer Bedeutung als in der Kommunikation zwischen Mitarbeitern. Die fehlende oder die gewährte Unterstützung, die Lerndienlichkeit von Rückmeldungen, die gängelnde oder die freiraumgewährende Anweisung sowie die gewährte oder – möglicherweise vermeintlich – versagte respektvolle Anerkennung haben in der Kommunikation zwischen Vorgesetzten und Mitarbeitern häufig größere Bedeutung als in der Kommunikation zwischen gleichgestellten Mitarbeitern, weil erstere spezifische Erwartungen zu bedienen hat. Sie ist dem Führungsverhalten zugeordnet. Deutliche Defizite darin werden gelegentlich als soziale Stressoren erlebt.

Eine vollständige Trennung der Analyse und Gestaltung vertikaler und horizontaler Informationsflüsse ist nicht hilfreich, weil ein Teil der vertikalen Flüsse die Optimierung der horizontalen betrifft beziehungsweise betreffen sollte.

Auch im vertikalen Informationsfluss sind neben dem Informationszufluss die Rückmeldungen wesentlich. Rückmeldungen haben hier einige Besonderheiten, weil sie häufig nicht oder nicht allein dingliche, sondern auch soziale Sachverhalte – beispielsweise Anweisungen von Personen an Personen, Hinweise oder Vorschläge zu Vorgehenseigenheiten von Personen – betreffen. Personenbezogene Informationen werden sensibler bearbeitet und bewertet als sachbezogene.
Rückmeldungen von Mitarbeitern an Vorgesetzte können gefordert, erwünscht oder auch lediglich möglich sein. Sie können von Vorgesetzen erfragt werden oder vom Mitarbeiter zu erbringen sein.
Des Weiteren bedürfen häufig Rückmeldungen von Mitarbeitern an Vorgesetzte der Rückmeldung durch diese Vorgesetzten, um motivierende Wertschätzung zum Informationsverhalten der Mitarbeiter zu verdeutlichen.
Beim Berücksichtigen dieser Aspekte des vertikalen Informationsflusses sind Partizipationsmöglichkeiten, das Dienstleister-Kunden-Verständnis innerhalb des Unternehmens und im weitesten Sinne die Unternehmenskultur berührt.

Um dem motivationalen Aspekt des vertikalen Informationsflusses gerecht zu werden, reicht des Weiteren die Basisinformation (ZBM-Information) nicht aus. Zusätzlich ist die optimale Information unerlässlich, also Information über Begründungen beziehungsweise Ursachen, über Fernziele, Folgen, Nebenwirkungen und Rahmenbedingungen, sofern unternehmerisches Verhalten beziehungsweise Engagement für die Organisation bei den Mitarbeitern erzielt werden sollen.

Der vertikale Informationsfluss darf bei all diesen Betrachtungen nicht als eine Einbahnstraße verstanden werden. Das Gewähren dieser sowohl orientierenden wie auch motivational relevanten Optimalinformation kann nicht einseitig reduziert werden auf Informationsbringpflichten der Vorgesetzten, sondern es gibt dazu auch Bring- sowie Holpflichten der Mitarbeiter.

In die Untersuchungen ist daher unbedingt einzubeziehen

- welche Informationsinhalte in welcher Form zwischen Vorgesetzten und Mitarbeitern ausgetauscht wurden,
- welche Hol- sowie Bringaktivitäten Vorgesetzte und Mitarbeiter realisieren.

Bei der Untersuchung zu berücksichtigen ist bezüglich der Inhalte, dass Vorgesetzte bei der Informationsweitergabe oft schöpferisch vorzugehen haben. Sie müssen Sachinformationen, beispielsweise Arbeitsanweisungen, übersetzen in die Verstehensmöglichkeiten und die Bedürfnisse ihrer Mitarbeiter. Das kann reflexive Anforderungen an das eigene Informationsverhalten stellen, die in einem unterschiedlichen Maße erfüllt werden.

Beim Untersuchen des vertikalen Informationsflusses sind schließlich in die Dokumentenanalyse und die Beobachtungsinterviews auch Projektgruppenberatungen, Arbeitsbesprechungen oder das Vorschlagswesen einzubeziehen.
Eine Zusammenstellung von Anregungen zur Reflexion des eigenen Informationsverhaltens durch die Führungskräfte findet sich im Anhang E.

3.3 Auftrags- beziehungsweise Auftragsdurchlaufuntersuchung Grundlage für Informationsflussanalysen

3.3.1 Ziel

Die handlungsleitende Information wird für Tätigkeiten benötigt, die Aufträge ausführen. Der Auftrag bestimmt, welche Informationen wann in welcher Form erforderlich sind. Daher sind als Grundlage zunächst die Arbeitsaufträge mit ihren erforderlichen Tätigkeiten und Teiltätigkeiten der Ausführenden und der Führungskräfte sowie die eventuellen Abhängigkeiten des Arbeitsauftrags einer Arbeitskraft beziehungsweise einer Gruppe von den Aufträgen anderer Arbeitskräfte oder Gruppen zu erfassen. Das schließt den Auftragsdurchlauf in der Organisation beziehungsweise zwischen den Arbeitsplätzen ein.
Durch diesen Anfangsschritt werden die in Abschnitt 3.1 erläuterten Sachverhalte geklärt, also

- welche Tätigkeiten bei den ausgewählten Arbeitsplätzen oder Abteilungen arbeitsteilig zu erfüllen sind,
- ob beziehungsweise welche Tätigkeiten an den Arbeitsplätzen informationell mit anderen gekoppelt sind, also kommunikative Schnittstellen aufweisen, sowie gegebenenfalls
- ob und mit welcher Häufigkeit Auftragswechsel beziehungsweise der Wechsel von Arbeitsgegenständen mit Auswirkungen auf die auszuführenden Tätigkeiten gegeben sind,
- ob und welche organisatorischen Vorkehrungen vorliegen, die möglicherweise den Informationsfluss an Schnittstellen unterstützen und Defizite im handlungsleitenden Wissen unwahrscheinlich machen (beispielsweise überlappende Gruppengrenzen, Arbeitsrotation oder Regelungen zur Informationsweitergabe).

3.3.2 Methoden

Der Untersucher nutzt vorliegende Dokumentationen über die Aufbau- und Arbeitsablauforganisation sowie über Arbeitsanweisungen zur geordneten Darstellung von Arbeitsabläufen. Der visualisierte Entwurf wird in einer moderierten Gruppendiskussion mit Arbeitsplatzinhabern geprüft und weiterentwickelt. Dabei können Visualisierungshilfen in Form der Strukturlegetechnik beziehungsweise der „Darstellung von Vorgangsmodellen" (Wetzstein, Hoffmann & Hacker, 2003) genutzt werden.

3.3.3 Arbeitsschritte

Die erforderlichen Schritte sind:

1. Auflisten aller Tätigkeiten entlang der ausgewählten Wertschöpfungs- beziehungsweise Kooperationsketten. Das schließt alle beteiligten Abteilungen ein, erfasst also sowohl Tätigkeiten zum gleichen Arbeitsgegenstand innerhalb einer Abteilung, Gruppe oder Station als auch zwischen Abteilungen.
2. Auswahl informationell verketteter Tätigkeiten, also von Tätigkeiten, deren Ausführung von Informationen aus Tätigkeiten anderer Arbeitender abhängt.
   Bei der Auswahl sind informationell verkettete Tätigkeiten mit wechselnden Anforderungen und wechselnden Informationsinhalten vorrangig zu berücksichtigen.
3. Schematische Visualisierung der Ketten von informationell abhängigen Tätigkeiten mit Hilfe der Darstellung von Vorgangsmodellen, einer Form von Strukturlegetechniken.
4. Jeder Tätigkeit beziehungsweise Teiltätigkeit werden die ausführenden Personen zugeordnet. Im Falle größerer Personenzahlen wird für jede Tätigkeit ein Ansprechpartner und ein Vertreter für vertiefende Untersuchungsschritte (siehe unten) gewonnen.
5. Der visualisierte Entwurf der Darstellung informationell verketteter Arbeitsprozesse wird schrittweise überprüft, korrigiert und ergänzt in einem moderierten Gruppenprozess mit den Ansprechpartnern für die beteiligten Tätigkeiten (vgl. dazu Abschnitt 3.6). Dabei werden mehrere Ziele verfolgt:
   - Die dargestellten Tätigkeitsabläufe werden überprüft und korrigiert;
   - es wird erfragt und diskutiert, wer für eine bestmögliche Ausführung welcher Tätigkeiten von wem wann und warum welche Informationen benötigen würde;
   - Lücken, Hindernisse, Schwierigkeiten im tatsächlichen Informationsfluss und deren Folgen für die einzelnen Arbeitstätigkeiten werden erfragt und mit den Ansprechpartnern diskutiert.

3.3.4 Ergebnis

In Auswertung der Ergebnisse der Gruppendiskussion zur Auftragsablaufanalyse liegt ein Frage- und Hypothesenkatalog für die Informationsflussanalysen mittels Beobachtungsinterview sowie erforderlichenfalls mittels Fragebogeneinsatz an vermutlichen Schwachstellen vor.

Anhand der Darstellung von Vorgehensmodellen als strukturierte Darstellung verketteter Arbeitsprozesse entstehen darüber hinaus Hinweise auf

- verbesserungsbedürftige Arbeitsabläufe, mögliche Arbeitsvereinfachungen,
- klärungsbedürftige Verantwortlichkeiten sowie
- Grundlagen für Weiterbildung und Einarbeitung neuer Mitarbeiter.

Eine Darstellung der Auftragsstruktur- und Auftragsablaufanalyse mit zahlreichen Beispielen findet sich bei Hacker (1995, Kapitel 6).

3.4 Hilfsmittel zur Untersuchung komplexer Aufträge beziehungsweise Auftragsdurchläufe. Grundlage für Informationsflussanalysen

3.4.1 Hilfsmittel zum bedingungsbezogenen („objektiven") Ermitteln erforderlicher Informationen

Wir sahen:
Bei häufigem Auftragswechsel und ausgeprägten Kooperationserfordernissen ist häufiger beziehungsweise mehr Information erforderlich. Das gleiche gilt, wenn die Organisation der betrieblichen Abläufe oder Zustände technischer Systeme von den Arbeitenden berücksichtigt werden müssen.

Einige Skalen des TBS-Verfahrens (Hacker, Fritzsche, Iwanowa & Richter, 1995) betreffen diese Sachverhalte und können die Untersuchung deshalb unterstützen. Sie sind im Anhang A dargestellt.

3.4.2 Darstellung von Vorgangsmodellen

Bei komplexen Arbeitsprozessen mit vielen Tätigkeiten beziehungsweise Teiltätigkeiten und mehreren Ausführenden empfiehlt sich die Veranschaulichung als Flussdiagramm. Dabei werden die Prozesse übersichtlich gegliedert und ihre Bestandteile ihrer Reihenfolge entsprechend geordnet dargestellt. Diese Darstellungen können kooperativ erarbeitet beziehungsweise korrigiert und weiterentwickelt werden. Anhand der Darstellung des Ist-Stands werden sodann vorzugsweise in Kleingruppendiskussionen der Arbeitsplatzinhaber Verbesserungsmöglichkeiten erörtert und erprobt (Cierjacks, 1999; Hacker, 1995, Abschnitt 8.2.2; Scheele & Groeben, 1988; Wetzstein, Dreesen, Hoffmann & Hacker, 2003).

Zur Darstellung werden grundlegende handlungs- beziehungsweise tätigkeitspsychologische Kategorien genutzt, nämlich

- zielgerichtete Arbeitsschritte, Maßnahmen beziehungsweise Prozesse,
- Ziel-/Ergebniszustand der jeweiligen Arbeitsschritte,
- Ausgangszustand vor Beginn konkreter Arbeitsschritte,
- Bedingungen, die für das Ausführen konkreter Arbeitsschritte gegeben sein müssen,
- Mittel, Werkzeuge, Hilfsmittel zur Ausführung konkreter Arbeitsschritte,
- Start- und Endpunkte alternativer Arbeitsschritte („Wege") zum Ergebnis.

Zur Visualisierung dieser Kategorien sind Kärtchen unterschiedlicher Farbe beziehungsweise Form hilfreich (vgl. Abb. 7). Auch die Beziehungen zwischen den Kategorien werden mit Kärtchen visualisiert als Verbindungslinien und Pfeile. Die Karten werden mit den konkreten Arbeitsschritten, -mitteln etc. beschriftet und als Fließbild geordnet (vgl. Abb. 8). Unbeschriftete Karten oder Fragezeichen können vorerst ungeklärte Sachverhalte markieren.

Für die Vorbereitung von Analysen des kommunikativen Informationsflusses ist erforderlich, dass vermerkt wird, wer welche Tätigkeit ausführt, wer was wissen oder Information weitergeben muss.
Das Verschieben, Austauschen und Ergänzen von Karten unterstützt flexibel das Entwickeln von Ist-Darstellungen sowie bei Bedarf von Soll-Darstellungen der Abläufe.

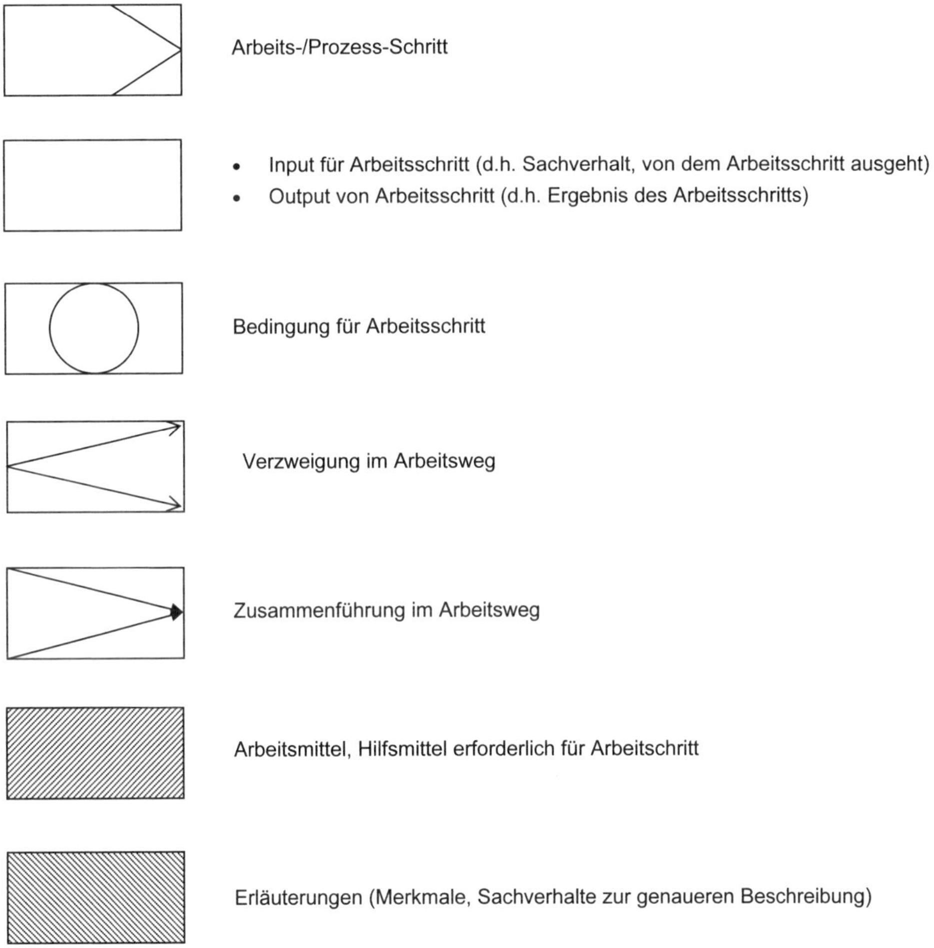

Abbildung 7: *Mögliche Gestaltung der zu beschriftenden Karten (Blätter) für Strukturlegetechniken zu komplexen Arbeitstätigkeiten*

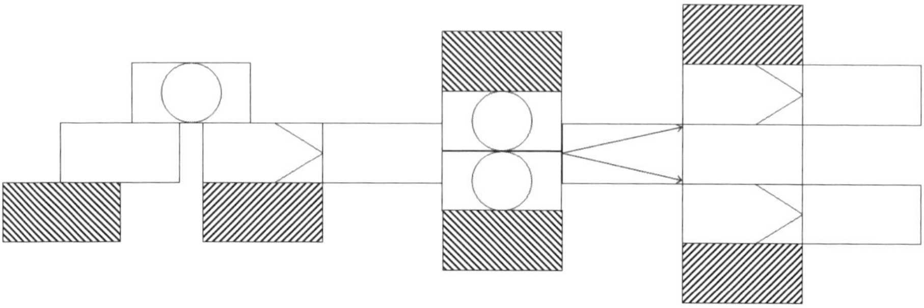

Abbildung 8: *Ausschnitt aus einer Darstellung von Arbeitsprozessen mittels Strukturlege- („Kärtchen")Technik (ohne die Beschriftung)*

Die Visualisierung entlastet das Arbeitsgedächtnis der Beteiligten und sichert eine allen gemeinsame Informationsgrundlage für die Erörterung. Die erzielte Lösung ist zugleich dokumentiert und kann den Teilnehmern in Papierform oder elektronisch übergeben werden.

Das Erstellen der Vorgangsmodelle sollte schrittweise erfolgen:
- Entwurf einer Erstvariante mit Lücken und Fragen durch den Untersucher anhand der vorliegenden betrieblichen Dokumentationen.
- Erläuterung von Ziel und Vorgehensweise. Präsentieren der Erstvariante. Erarbeitung einer Variante der Arbeitenden mit Korrekturen und Vervollständigungen der Erstvariante in einer moderierten Gruppendiskussion (vgl. dazu Abschnitt 3.6).
- Konsensuelles Fertigstellen einer vorläufigen kooperativen Lösung. Die Teilnehmer nehmen im nächsten Schritt den Entwurf in ihre jeweiligen Arbeitsprozesse zur Überprüfung und Ableitung von Veränderungen mit.
- Erneute Kleingruppenzusammenkunft zur moderierten Diskussion auf der Grundlage der zwischenzeitlich beim Arbeiten erzielten neuen Erkenntnisse.

In der Abwicklung dieses Vorgehens sind Modifikationen möglich, die das Berücksichtigen gegebener Bedingungen ermöglichen. Dazu gehört, dass die Arbeitsplatzinhaber nach einer Einführung durch den Untersucher die Erstvariante der Arbeitsauftrags- beziehungsweise Ablaufsverkettung selbst erstellen, nicht also der Untersucher. Weitere Modifikationen betreffen die Anzahl der beteiligten Arbeitsplatzinhaber. Außer der Erarbeitung in einer Kleingruppe ist auch das Erarbeiten mit jeweils nur einem Arbeitenden oder das zunächst getrennte Erarbeiten mit je einem Arbeitenden, die anschließend ihre Darstellungen miteinander diskutieren, erprobt und als erfolgreich erwiesen (zu Einzelheiten hierzu vgl. Wetzstein, Hoffmann & Hacker, 2003; Hacker, 1995).

In jedem Falle ist die in die Frage und in das Vorgehen einführende und moderierende Funktion des Untersuchers für das Ergebnis ausschlaggebend. Er erläutert den Nutzen der Visualisierung des Vorgehens mit Kärtchen, regt das wechselseitige Ergänzen und das Ordnen der Karten im Dialog bis zur Konsensbildung an und unterstützt den Dialog durch seine Fragen. Dies sind
- offene Fragen, zum Beispiel nach Erklärungen von Aussagen, informationellen Voraussetzungen oder erforderlichen Rückmeldungen,

- handlungstheoretisch begründete Fragen, die auf erforderliche handlungsleitende Informationen zielen und
- Alternativfragen, die konfrontierend zum Begründen, Erweitern oder Infragestellen von Darstellungen veranlassen sollen.

Der Untersucher strukturiert damit den Prozess, ohne ihn zu gängeln, und er ist des Weiteren für die Dokumentation und ihre Verteilung an die Teilnehmer verantwortlich.

Darstellungen von Untersuchungs- und Darstellungshilfen für die Auftragsstrukturanalyse und zur Arbeitsablaufanalyse finden sich bei Hacker (1995) in den Abschnitten 6.3 und 6.4.

3.5 Untersuchung des kommunikativen Informationsflusses

Die Konzentration dieser Darstellung auf den ergebniswirksamen kommunikativen Informationsfluss zwischen Arbeitenden einschließlich der Vorgesetzten bedeutet eine Konzentration auf das Informationsverhalten an Schnittstellen.

3.5.1 Gesamtvorgehen

a) Ermitteln vermutlich informationsbedingter Verluste im Ausgangszustand. Informationsflussuntersuchungen sollen Defizite im Informationsverhalten von Organisationen und Einzelnen ermitteln und beheben.
Um später Verbesserungen und ihren Nutzen auch nachweisen zu können, müssen frühzeitig der Ist-Zustand und die durch ihn möglicherweise verursachten Verluste ermittelt sein. In den Abschnitten 1.4.1 und 1.4.2 wurden dafür Merkmale dargestellt, die auf Informationsdefizite verweisen, und in Abschnitt 2 wurde gezeigt, wie Informationsdefizite zu bewerten sind, welche Defizite also vorrangig behoben werden müssen.
Das Ermitteln der wirtschaftlichen Verluste, die – was im Weiteren zu beweisen ist – auf Informationsdefizite zurückgehen, ist deshalb so früh wie möglich beziehungsweise sogar für zurückliegende Zeiträume erforderlich, weil nicht selten allein durch das Fragen nach Informationsdefiziten im Arbeitsablauf bereits Verbesserungen durch Vorgesetzte oder Mitarbeiter ausgelöst werden, weil sie einsichtig sind und die Behebung wenig Aufwand macht.

b) Auswahl von Schnittstellen für Informationsflussanalysen. Die Schnittstellen, auf welche die Informationsflussanalyse sich bezieht, wurden in der Auftrags- beziehungsweise Auftragsdurchlaufuntersuchung bereits ermittelt (vgl. Abschnitte 3.3 und 3.4).
In Abschnitt 3.1.1 wurden Hinweise darauf gegeben, welche Schnittstellen für Informationsflussanalysen auszuwählen sind, weil ihre Verbesserung Nutzen verspricht.

c) Genereller Leitfaden für alle Untersuchungsschritte: W-Fragen-System. Bei Informationsflussanalysen interessiert, ob Defizite in handlungsleitenden Informationen vorliegen.
In Abschnitt 1.2 wurde dargestellt, nach welchen handlungsleitenden Wissensbereichen zu untersuchen ist (Leerstellenschema). In Abschnitt 1.3 wurden die Fragestellungen für die Untersuchung abgeleitet.
Nochmals wird betont, dass es dabei nicht genügt zu ermitteln, ob Informationen rechtzeitig und vollständig vorliegen oder nicht, sondern um *welche* Information zu *welchen* Wissensbereichen (im Sinne des Leerstellenkonzepts) es sich dabei handelt! Nur auf diese Weise können konkrete Verbesserungen abgeleitet und eingeführt werden.

d) Informationsdefizite grundsätzlich aufgabenbezogen ermitteln. Es ist zu beachten, dass die Fragen in Abschnitt 1.3 den Informationsbedarf und die Bring-/Holpflichten für die jeweils zu erfüllenden Aufgaben betreffen. Es genügt also nicht, dass eine Information überhaupt vorhanden ist, sondern sie muss dort vorliegen, wo sie benötigt wird. Das bedeutet, dass es nicht ausreicht, dass bestimmte Informationen in der Organisation überhaupt vorhanden sind, sondern sie müssen auch an die Arbeitsplätze gelangen, an denen sie bestmöglich im Arbeitsprozess umgesetzt werden können.
Hierzu bestehen besonders häufig Defizite. Daher zur Erläuterung zwei Beispiele:

> Ein Servicemitarbeiter eines Maschinenbaubetriebes erfährt bei seiner Arbeit beim Kunden, welche Leistungsparameter dieser perspektivisch für den gewarteten Maschinentyp benötigt. Dieses unersetzliche Wissen über künftige Kundenbedürfnisse registriert der Servicemitarbeiter zwar in seinem Arbeitsbericht, gibt es jedoch nicht an den Entwicklungsleiter weiter.
>
> Eine Pflegerin bemerkt, dass ein Patient die ausgegebene Schlaftablette im Nachttisch verwahrt und fordert ihn daher auf, die Einnahme nicht zu vergessen. Die Information über das Patientenverhalten hält sie in der Dokumentation nicht fest und gibt sie auch nicht an die Stationsleitung oder an die Nachtschwester weiter. Mehrere Tage später versucht der Patient mit aufgesparten Tabletten einen Suizid.

In beiden Fällen ist die handlungswirksame Information durchaus erfasst worden, in der Organisation also vorhanden. Sie gelangt lediglich nicht zu den Personen, für deren Aufgaben sie unersetzlich ist. Aufgabenbezogen bestehen bei Personen also Informationsdefizite trotz des Vorliegens der Information bei anderen Personen der gleichen Organisation.

e) Handlungsleitende Information ist oft nicht oder nicht ohne Weiteres in Worte zu fassen und dann nicht begrifflich vermittelbar. Nicht nur handlungsleitendes Wissen kann schweigendes oder implizites Wissen sein. Es gibt auch Informationen an Schnittstellen, die schlecht oder gar nicht in Worte zu fassen sind. In solchen Fällen wird beispielsweise auf den schlecht benennbaren Sachverhalt zwar sprachlich oder auch nur gestisch verwiesen („Sehen Sie das?“), aber der Sachverhalt selbst wird nicht übermittelt.
Aus diesem Grunde reichen bei Informationsflussanalysen das Befragen der Arbeitenden und das Lesen von verschriftlichten Dokumentationen nicht aus. Beobachtungen können zum Erfassen der Informationsflüsse zusätzlich erforderlich sein.

f) Rationelle Vorgehensreihenfolge einhalten („Trichtermodell“). Alle Formen von Arbeitsanalysen sollten rationell vorgehen. Das bedingt ein hypothetiko-deduktives Vorgehen („Trichtermodell“; vgl. hierzu Hacker, 1995, Kap. 4.1 und 7). Arbeitsanalysen erfordern des Weiteren in der Regel mehrere Methoden. Bei Informationsflussuntersuchungen können genutzt werden

- die Auswertung vorliegender Unterlagen (beispielsweise Auswertung der Informationen und Informationsdefizite in Arbeitsbegleitkarten oder in der Pflegeprozessdokumentation),
- das Beobachtungsinterview sowie
- mündliche oder schriftliche Befragungen und
- feldexperimentelle Untersuchungsschritte.

Das „Trichtermodell" bedeutet hier zum Ersten, zunächst soweit als möglich bereits vorliegende Daten zum Informationsfluss und zu seinen Wirkungen auszuwerten, bevor Zeit und Kosten in das Sammeln neuer Daten investiert werden. Zum Zweiten ist gemeint, dass schrittweise die Fragestellung präzisiert und damit der Erhebungsaufwand eingeengt und dabei verringert werden sollen.

> Beispielweise sollten die Arbeitenden nicht ohne Grund nach Sachverhalten befragt – und dabei von der Arbeit abgehalten – werden, die vorliegenden Unterlagen, etwa Bedienanleitungen oder Auftragsdokumentationen zu entnehmen sind.

Ebenso sollten mittels Arbeitsstudien beobachtbare Sachverhalte nicht erfragt werden.

> Beispielsweise kann man beobachten, wer welche informationsbeschaffenden Teiltätigkeiten wann und wie oft ausführt oder wer wann wie lange auf Informationen warten muss.

Die Befragung als Interview ist dann nicht überflüssig, wenn sie sich auf nicht beobachtbare Bestandteile der Arbeitsprozesse, beispielsweise auf Ziele oder Gründe richtet (vgl. hierzu Abschnitt 1.1 und 3.5.3).

Der gelegentlich gegen Arbeitsstudien ins Feld geführte Einwand, sie seien zu zeitraubend, träfe nur dann zu, wenn zeitsparende Techniken, beispielsweise Multimomentstudien, unmöglich sind.

Zum rationellen Vorgehen ist erforderlich:

1. Formulieren *präziser* Fragestellungen, welche die Informationsflussanalyse klären soll. Zu diesen Fragen vgl. Abschnitt C des Leitfadens in Teil II.
2. Beantworten der Fragen anhand schon *vorliegender* Unterlagen.
3. Nicht beantwortbare Fragen sowie Fragen, die genauerer Beantwortung bedürfen, werden in Arbeitsstudien in Form von *Beobachtungsinterviews* geklärt.
4. Beim Beobachtungsinterview mit den Arbeitenden nicht vertiefbare Fragestellungen werden in mündlichen oder schriftlichen Befragungen *außerhalb* des Arbeitsprozesses behandelt. Dabei entsteht ein Zusatzaufwand für die Arbeitenden, der so klein wie möglich sein muss.

3.5.2 Auswertung von Unterlagen (Datenspeichern etc.) bezüglich des Informationsflusses. Dokumentenanalyse

Die dargestellten Leitfragen führen auszugsweise und sinngemäß auch das Auswerten bereits vorliegender Daten.

Auswertbare Quellen können beispielsweise sein:

- Daten zu Verlusten oder Nachteilen, die (vermutlich) auf Informationsdefizite zurückgehen. Beispielsweise
  - Reklamationen wegen übersehener inhaltlicher oder terminlicher Kundenwünsche,
  - falscher Lieferungen oder Rechnungsstellungen,
  - dokumentierte Qualitätsmängel, Doppelarbeit, Nacharbeit wegen Informationsdefiziten,
  - registrierte Wartezeiten/Stillstandszeiten (von Anlagen) wegen fehlender Informationen.

- Festlegungen zur Informationsstrategie der Organisation (beispielsweise zu Arbeits-/ Projektbesprechungen, Morgenrunden, Rapportsystemen) gegebenenfalls mit einschlägigen Hilfsmitteln und Protokollen.
- Festlegungen (gegebenenfalls auch nicht schriftlich fixierte Gewohnheiten) zur Informationsweitergabe an Schnittstellen (beispielsweise Schemata, Vorschriften zur Schicht- oder Auftragsübergabe) oder
- Festlegungen/Schemata zur Dokumentation handlungsleitender (nicht lediglich abrechnungsrelevanter) Informationen (zum Beispiel Schichtbücher, handlungsbezogene Informationsübergabe mittels Datenbanksystemen).

Bei der Analyse von Unterlagen (beispielsweise Lohnabrechnungen, Arbeitsschutzbelehrungen, Honorarvereinbarungen, Praktikantenverträgen) sollte des Weiteren auch gefahndet werden nach Hinweisen auf das Vorhandensein oder das Fehlen von Vorkehrungen zum inner- und zwischenbetrieblichen Informationsaustausch und zum Informationsimport als Lernanregung in Form von

- gelegentlichen Arbeitsplatzwechseln innerhalb sowie zwischen Abteilungen,
- regelmäßiger Arbeitsrotation zwischen Arbeitsplätzen mit unterschiedlichen Aufgaben, Mitarbeit in kooperierenden Betrieben, beispielsweise eines Netzwerks,
- Weiterbildungsangeboten mit externen Lehrkräften oder
- Aufnahme von Praktikanten, Diplomanden oder Doktoranden von Hochschulen.

Wenn die Untersucher meinen, dass die Manager beziehungsweise Geschäftsführer dafür Zeit haben, können sie nach den erwähnten Sachverhalten fragen, anstatt selbst die Unterlagen zu inspizieren.

Nicht klärbare Fragen oder zu vertiefende Fragen werden im Beobachtungsinterview weiter bearbeitet:

3.5.3 Beobachtungsinterview

3.5.3.1 Prinzipielles Vorgehen

Das Beobachtungsinterview ist das Kernverfahren der Arbeitsanalyse. Eine eingehende generelle Darstellung findet sich bei Hacker (1995, Kapitel 7.5).

Beobachtungsinterviews erfolgen als Schichtaufnahmen, betreffen also komplette Schichten beziehungsweise Arbeitstage. In Ausnahmefällen sind mit Hilfe von Multi-Moment-Studien Verkürzungen denkbar (Macher, 1974).

Im Beobachtungsinterview werden Arbeitende bei der Arbeitsausführung beobachtet und der Beobachter fragt dabei nach nichtbeobachtbaren Sachverhalten. Diese Kombination soll sowohl die Grenzen des Beobachtens als auch die des Befragens überwinden, die jeweils etwas anderes betreffen:

- Das Beobachten kann den sichtbaren, tatsächlichen Arbeitsablauf erfassen, aber die Ziele, Gründe und Pläne der Arbeitenden, ihre Kenntnisse von Fakten und von Regeln bleiben verborgen.

- Das Befragen kann aussagbare Ziele, Gründe und Wissen von Fakten und Regeln erfassen, aber nicht alle handlungsregulierenden psychischen Sachverhalte können in Worte gefasst werden und nicht alles, was aussagbar ist, reguliert tatsächlich das Handeln. Beispielsweise gibt es auch nachträglich einfallende Erklärungen für Handlungen.

Zweckmäßigerweise wird mit dem Beobachten begonnen und erforderlichenfalls in geeigneten Abschnitten vertiefend nachgefragt. Bei Informationsflussanalysen können beispielsweise informationenbeschaffende Teiltätigkeiten beobachtet, also bedingungsbezogen ermittelt werden. Erfragt werden müssen dagegen die Meinungen, was man von vorgelagerten oder nebengelagerten Arbeitsplätzen an Informationen erhalten sollte, was man sich selbst beschaffen sollte oder was andere vom Befragten an Information vermutlich benötigen und daher erhalten beziehungsweise sich holen sollten.

Unerlässlich ist das Vorbereiten von Protokollierungshilfen für die Beobachtungs- und die Befragungsteile, um den Arbeitsfluss nicht durch überflüssige Rückfragen zu stören, aber dennoch alles Erforderliche in einer für die Auswertung günstigen Form festzuhalten. Der Anhang B zeigt das Prinzip einer möglichen Protokollierungshilfe.

Die Beobachtungsinterviews sollten grundsätzlich bei mehreren Arbeitenden mit gleichartigen Aufgaben durchgeführt und vergleichend ausgewertet werden. Vergleiche zwischen leistungsstarken und durchschnittlichen Arbeitskräften oder erforderlichenfalls auch zwischen Anfängern und Experten erleichtern in der Regel das Erfassen des objektiven Informationsbedarfs, der tatsächlichen Informationsangebote sowie der Defizite und verdeutlichen dabei auch nicht-prozessbedingte personelle Besonderheiten im Informationsverhalten.

3.5.3.2 Erläuterungen zu den Untersuchungsfragen

Die in Kapitel II dargelegten Leitfragen führen auch das Beobachtungsinterview.
Die folgenden Hinweise betreffen Empfehlungen zur Aufteilung der Leitfragen auf die Beobachtungs- und die Interviewteile.
Die Arbeitsstudien verfolgen u.a. den Auftrags-/Patienten-Durchlauf entlang der Arbeitsplätze. Beobachtet werden dabei sichtbare Informationsaufnahme- und Informationsbeschaffungs-, Informationsspeicherungs- (Dokumentations-) und Informationsweitergabeaktivitäten. Für alle Informationsbeschaffungsaktivitäten wird der Zeitbedarf des Informationsnehmers hierfür und gegebenenfalls auch der des Informationsgebers festgehalten. Bei der Auswertung ist zu entscheiden, ob die Informationsbeschaffung Bestandteil des regulären Arbeitsauftrags oder eine Zusatzaktivität war, die aufgrund eines mangelhaften Informationsangebots erforderlich wurde.
Während der Arbeitsstudien werden die Arbeitsplatzinhaber auftragsbezogen befragt, was sie wann von wem woher wofür und warum an handlungsleitender Information benötigen sowie – falls nicht beobachtbar – was sie wann von wem woher erhalten beziehungsweise sich an Information beschaffen.

Diese so genannten W-Fragen zielen auf die eingangs skizzierten Leerstellen der Handlungsstruktur. Sie beschreiben die einschlägigen semantischen Relationen, die in das Modell der Ereignis- beziehungsweise Ereignisfolgerelationen eingeordnet sind (vgl. Hacker, 1992).

Des Weiteren wird begleitend erfragt, was die Arbeitsplatzinhaber an nach- beziehungsweise nebengelagerte Arbeitsplätze beziehungsweise Vorgesetzte wann wofür und warum ihrerseits an Information über den untersuchten Arbeitsauftrag liefern.
Einige dieser Fragen sollten unabhängig davon gestellt werden, ob die Beobachtung bereits das Beantworten durch den Untersucher erlaubt. Mit Hilfe dieser Doppeluntersuchung können nämlich *tatsächliche* Informationsdefizite von *vermeintlichen* Informationsdefiziten unterschieden werden.

> Beispielsweise ist eine Information objektiv vom Bildschirm am Arbeitsplatz zeitgerecht abrufbar, aber der Arbeitende ruft sie nicht ab und beklagt sich gegebenenfalls sogar über ihren Mangel. Wissenslücken sind also nicht zwingendidentisch mit Lücken im Informationsangebot.

Im Anhang C sind als Anregung denkbare Fragen für den Interviewteil des Beobachtungsinterviews angegeben. Nochmals sei betont, dass beobachtbare Sachverhalte nur in begründeten Ausnahmen (siehe oben) erfragt werden sollten.
Beispielsweise wäre die Frage „Was ist Ihr Arbeitsauftrag? Beschreiben Sie bitte die Auftragsteile und die Tätigkeiten, die Sie auszuführen haben“ ein Beleg für fehlendes Befassen mit den Auftragsunterlagen und den Arbeitsanweisungen sowie fehlende Bereitschaft zum Arbeitsstudium durch den Untersucher zu Lasten der Arbeitszeit der Arbeitenden. Dieses Vorgehen würde als inkompetent und schlimmstenfalls ignorant erlebt werden und die Kooperation mit den Arbeitenden behindern.

3.5.3.3 Auswertung

In der Auswertung müssen die Befunde aus verschiedenen Quellen und Vorgehensweisen zum Zwecke der Erkenntnisgewinnung über Informationsdefizite und über ihre Quellen und damit über Behebungsmöglichkeiten verglichen beziehungsweise integriert werden.
Ebenso sind in der Auswertung die Befunde aus gleichen Verfahren, beispielsweise aus Interviews von verschiedenen Personen zwecks Erkenntnisgewinn zu vergleichen und zu integrieren.

> Beispielsweise sind die Angaben von A darüber, welche Information er/sie wann, wofür und warum der Person B am nachgelagerten Arbeitsplatz oder in der nachfolgenden Schicht etc. weitergibt, zu vergleichen mit den Angaben von B, welche Information er oder sie wann, wofür, warum, in welcher Detailliertheit von A benötigt und erhält.
> Mit dem Einbeziehen der Wofür- und Warum-Fragen werden Gründe für eine gegebenenfalls unvollständige oder verspätete Informationsweitergabe – beispielsweise wegen einer Fehlauffassung über den tatsächlichen Informationsbedarf am anderen Arbeitsplatz – erfassbar und nicht nur Informationsdefizite.
> Nur das ermöglicht zielgerichtete, ursachenbezogene Verbesserungen.

Der Anhang G bietet ein System von Kategorien an, in welche die Beobachtungen und Aussagen eingeordnet werden sollten, um Vergleiche zwischen benötigter und erhaltener bzw. beschaffter Information zu ermöglichen.
Durch das Nutzen der W-Fragen (vgl. Abschnitt 1.1 und Anhang F) bereits beim Beobachten und beim Befragen wird das Klassifizieren erleichtert.

Die Durchführung und Auswertung von Informationsfluss-Analysen kann das Software-Tool „IFLUSS“ (vgl. Anhang H) unterstützen.

In Informationsflussanalysen können auch bei Beobachtungsinterviews Fragen offen oder zu vertiefen bleiben. Diese Fragen sind Ausgangspunkt mündlicher oder schriftlicher Befragungen:

3.5.4 Befragungen. Fragengestützte Informationsflussanalyse durch die Arbeitenden selbst

3.5.4.1 Zweckmäßige und wenig zweckmäßige Zielstellungen von Befragungen in Informationsflussanalysen

In der Informationsflussanalyse können Befragungen außerhalb des Beobachtungsinterviews gelegentlich für zwei Ziele sinnvoll sein:

- Als mündliche, gesprächsweise Befragung zur Vertiefung oder Ergänzung des Beobachtungsinterviews außerhalb des Arbeitsprozesses, in Pausen oder nach Arbeitsschluss.
- Als schriftliche Fragebogenbefragung erforderlichenfalls zur Gültigkeitserweiterung der Ergebnisse von Beobachtungsinterviews bei einer größeren Anzahl von Arbeitenden. Das kann erforderlich werden, weil Beobachtungsinterviews als Schichtaufnahmen zeitaufwändig sind und daher in der Regel nur wenige Arbeitende einbeziehen können.

Gelegentlich wird versucht, Informationsflussanalysen ohne Dokumentenanalyse und ohne Beobachtungsinterview, also allein durch Befragungen vorzunehmen. Dabei liegen neben dem beträchtlichen Zeitaufwand für die Arbeitenden zusätzlich zu deren Arbeitszeit ungeprüfte Erwartungen an die Gedächtnisleistungen der Arbeitskräfte vor, und es wird unterstellt, dass alle handlungsleitenden Informationen auch ausgesagt werden können und dass auf objektivierte Informationen aus Arbeitsanweisungen, Arbeitsbegleitkarten und anderen Dokumenten sowie auf objektive Folgen von Informationsdefiziten verzichtet werden könne. Belege für die Berechtigung dieser Annahmen liegen unseres Wissens nicht vor.
Auch in Pilotuntersuchungen, die überprüfen sollen, ob eingehendere Untersuchungen zum Informationsaustausch einen Nutzen versprechen, sollte versucht werden, zunächst bereits vorliegende Unterlagen und Daten zu nutzen.

3.5.4.2 Vorgehen: Fragengestützte Informationsflussanalyse durch die Arbeitenden selbst

Sofern – hinausgehend über die Vertiefung von Beobachtungsinterviews – mündliche oder schriftliche Befragungen durchgeführt werden sollen, werden je nach den Zielen verschiedene Fragen zu stellen sein. Auf jeden Fall ist dabei auf die abgeleiteten Leitfragen A bis D in sinngemäßen Formulierungen und unter Berücksichtigung der Informationsarten im Sinne von Abschnitt 1.1 (Abb. 1) zurückzugreifen. Das ist erforderlich, um konkrete inhaltliche Defizite der Eingangs- und Rückmeldungsinformationen zu ermitteln. Nur so können die Ergebnisse gezielt das Beheben von Defiziten an den Leerstellen handlungsleitender Information unterstützen.

Für Verbesserungen wären also Fragen, ob überhaupt Informationen und Rückmeldungen fehlen, ohne Spezifizierung, was wofür fehlt, wenig hilfreich.
Derr Anhang D verdeutlicht das an einem Satz von Fragen nach Defiziten in „den" Informationen, die auf den ersten Blick nützlich erscheinen, aber ihre Grenzen beim Versuch der Verwendung dieser Antworten für konkrete Verbesserungsmaßnahmen in Auftragsteilen und Tätigkeiten zeigen. Des Weiteren werden Schwierigkeiten der Arbeitenden mit den Auswahlantworten beim näheren Befassen mit den Fragen erkennbar:

> In einem Beispiel waren die den Befragten übergebenen Informationen zwar stets exakt, nur waren sie oft unvollständig und fast nie rechtzeitig. Der Befragte konnte sich also nicht auf diese Informationen verlassen, er musste meist versuchen, die Information selbst zu beschaffen, in seltenen Fällen waren dennoch Entscheidungen ohne ausreichende Informationsgrundlage zu treffen.
> Diese wichtigen Sachverhalte wurden aus den Rückfragen des Arbeitenden nach den Zielen der Untersuchungsfragen und aus Erläuterungen zu seinen Auswahlantworten erkennbar: Er berichtet, um welchen inhaltlichen Informationsbedarf bei welchen Tätigkeiten es sich bei ihm handelt und welche Informationsinhalte zu spät und welche anderen unvollständig waren, und er entwickelt zugleich einige Verbesserungsvorschläge.
> Beim reinen Ankreuzen von Auswahlantworten und ohne Anwesenheit eines protokollierenden Untersuchers gingen diese im Dialog entstehenden Erkenntnisse sämtlich verloren.

Daher ist ein *anderes Vorgehen bei der Nutzung von Fragebögen* zu empfehlen:
Beim Einsatz von Fragebögen, die in einer an das jeweilige Ziel angepassten Diktion und in zielabhängigen Ausschnitten die Leitfragen A bis D verwenden, sollte den Arbeitenden zunächst mündlich der Zweck der Untersuchung begründet und mit ihnen diskutiert werden. Danach sind die Fragebögen auszugeben und es ist zum Lesen, zum Nachfragen und zu Erläuterungen sowie für eventuelle Änderungsvorschläge durch die Arbeitenden genügend Zeit einzuräumen. Sodann sollten die Bögen mehrere Arbeitstage mit an die Arbeitsplätze genommen werden, um möglicherweise erforderliche Beobachtungen beziehungsweise Untersuchungen der Arbeitenden sowie ein schrittweises Beantworten in Abhängigkeit von diesen Beobachtungen zu ermöglichen. Der Untersuchende sollte wiederholt in dieser Zeit vor Ort nachfragen, Erläuterungen und partnerschaftliche Unterstützung auf der Grundlage seiner vorauszusetzenden arbeitswissenschaftlichen Methodenkompetenz anbieten.
Die „Fragebögen" werden auf diese Weise zu *Untersuchungsanleitungen für die Informationsflussanalyse durch die Arbeitenden als Experten ihrer Arbeitstätigkeit.*

3.6 *Integratives Vorgehen: Informationsflussanalyse und Informationsflussverbesserung durch Projektgruppen/Qualitätszirkel*

3.6.1 *Integrative Bearbeitung in Projektgruppen/Qualitätszirkeln*

Die dargestellten Arbeitsschritte (in Abschnitten 3.3 bis 3.5 sowie 4) können besonders effektiv durch Arbeitsgruppen im Sinne von Qualitätszirkeln bearbeitet und in Verbesserungen umgesetzt werden.
Die zu bildenden Kleingruppen untersuchen also für einen festzulegenden Bereich zunächst den Auftragsdurchlauf hinsichtlich der Schnittstellen im Informationsfluss und deren Beschaffenheit. Danach wird nach Verbesserungsmöglichkeiten im Informationsfluss gesucht und diese werden verwirklicht.
Die Gruppenarbeit sollte die dargestellten Hilfsmittel und Vorgehensweisen (in den Abschnitten 3.4 und 3.5.2, 3.5.3 und 3.5.4.2 sowie im Anhang) nutzen.
Voraussetzung für den Erfolg ist eine besondere Organisation der Projektgruppen- bzw. Qualitätszirkelarbeit, die als „Aufgabenbezogener Informationsaustausch (AI)" bezeichnet ist (Herrmann, 1986; Ishig, Looks & Melzer, 2007; Neubert & Tomczyk, 1986; Sonntag & Schaper, 2006; Wetzstein, 2004; Wetzstein, Ishig & Hacker, 2004; Wetzstein, Jahn & Hacker, 2003). Mangelhaft oder überhaupt nicht durchorganisierte Gruppenarbeit wäre der sichere Weg zu Misserfolg und Zeitverlust.

3.6.2 *Voraussetzung: Optimal organisierte Kleingruppenarbeit*

Die Gruppenarbeit erfolgt (a) zusätzlich zum jeweiligen Arbeitsprozess in etwa 90-minütigen Beratungen in der Regel in wöchentlichem Abstand. Dazwischen werden von den Mitgliedern der Gruppen bei Bedarf (b) Aufträge der Gruppe individuell erfüllt („Hausaufgaben"). Die Gruppen sind im Interesse ihrer Effektivität (c) so klein wie möglich und so groß wie zur Aufgabenbearbeitung erforderlich. Die Mitgliederzahl richtet sich nach der Aufgabe: Mitarbeiten müssen jeweils die Inhaber der informationsgebenden und informationsnehmenden Arbeitsplätze, der weisungsberechtigte Vorgesetzte sowie im Bedarfsfalle – unter Umständen auch nur gastweise – Experten für die Umsetzung erforderlicher Maßnahmen, bspw. IT-, Organisations- oder Anlagenfachleute. Die Kleingruppen sind (d) also sowohl vertikal (hierarchisch) als auch horizontal (fachlich) heterogen, in dem sie Arbeitsplatzerfahrung und Weisungsbefugnis für die Durchführung zusätzlicher Analysen wie Messungen, Auswertungen oder Maßnahmenumsetzungen sowie die erforderliche unterschiedliche Expertise einbeziehen.

Des Weiteren erfordert diese Qualitätszirkelarbeit eine spezifische („hybride") Abwicklungsform. Ein „naiver" Moderator, der kein Fachmann für die einbezogenen Arbeitsprozesse sein muss und daher die anregenden „dummen" Fragen stellen kann, muss drei Arbeitsformen optimal zusammenführen. Die verschiedenen Phasen der Problembearbeitung (also Informationssammlung, Informationsbewertung, Entscheidungsfindung und -umsetzung) erfordern verschiedene Arbeitsformen. Die drei Arbeitsformen in der Gruppenarbeit sind die eigentliche Gruppenarbeit, die Einzelarbeit für die Gruppe und in deren Auftrag sowie die so genannte Nominalgruppentechnik, das heißt das Zusammenfügen der Einzelarbeiten für die Gruppe und deren Diskussion in der Gruppe.

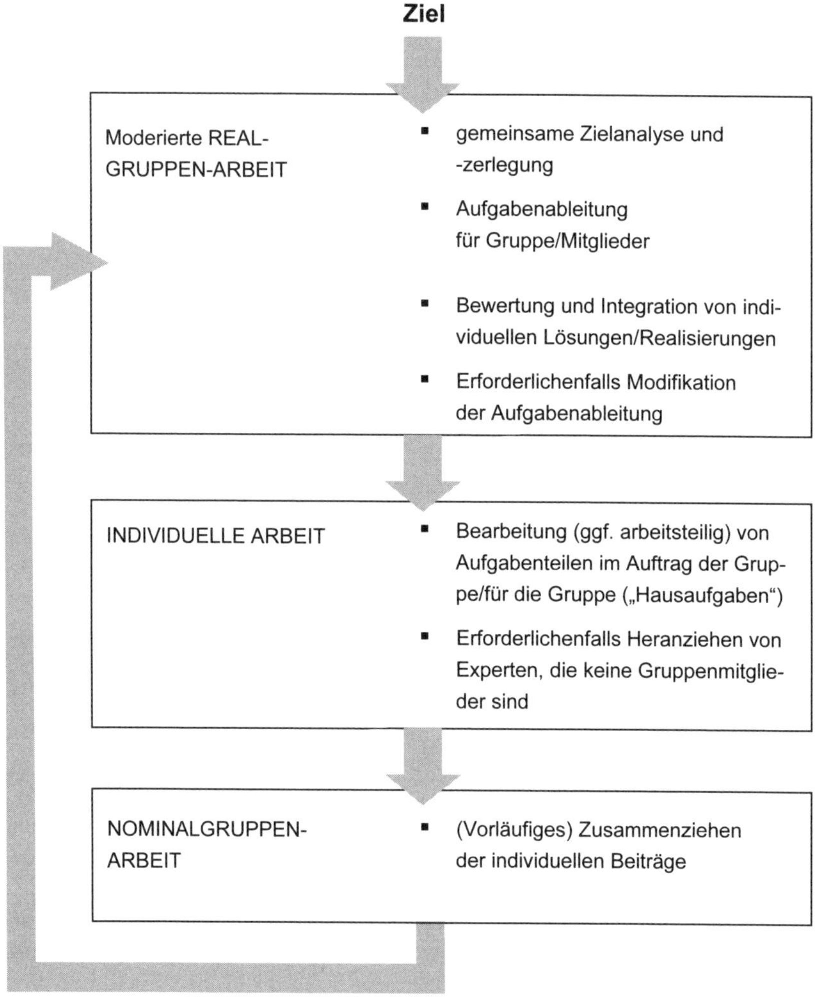

Abbildung 9: *Arbeitsformen für die Bearbeitungsphasen bei Projektgruppen-/Qualitätszirkelarbeit im Sinne des „Aufgabenbezogenen Informationsaustauschs (AI)“*

3.6.3 Praktisches Vorgehen[2]

Ein theoretisch fundiertes und vielfach praktisch bewährtes Verfahren, welches die dargelegten nützlichen Vorgehensweisen integriert, ist der erwähnte Aufgabenbezogene Informationsaustausch (Neubert & Tomczyk, 1986; Hermann, 1986; Wetzstein, Jahn & Hacker, 2003; Wetzstein, 2004; Wetzstein, Ishig & Hacker, 2004; Ishig, Looks & Melzer, 2007; Kurzdarstellung in Sonntag & Schaper, 2006).
Das AI-Verfahren eignet sich zur Bearbeitung von Aufträgen aus einem Betrieb, das heißt ohne externe Partner, als auch überbetrieblich, das heißt mit externem Partner, bspw. als Kunden und Lieferanten (Wetzstein, Oberkirch & Schumann, 2003).
Es handelt sich dabei um ein Gruppenverfahren zur Ermittlung von Verbesserungsbedarf, zum Entwickeln und Auswählen von Lösungen und der Realisierung der erforderlichen Maßnahmen. Das Verfahren vereint kooperative Diagnose-, Problemlöse- und Lernprozesse.
Die Gruppen sind aufgabenbezogen hinsichtlich der Erfahrungsbereiche der Mitglieder und ihrer hierarchischen Zuständigkeiten heterogen zusammengesetzt aus Fachleuten unterschiedlicher Gebiete, aus Mitarbeitern und weisungsberechtigten Vorgesetzten. Ein Unabhängiger moderiert den Gruppenprozess. In der Regel arbeiten die Gruppen einmal wöchentlich für ca. 90 Minuten zusammen. Wie im vorigen Abschnitt erörtert, wird dabei ein hybrider, mehrstufiger Kleingruppenprozess (vgl. Abb. 9) mit optimaler Moderation verfolgt. Die Ergebnisse werden dokumentiert und bei Realisierungsreife laufend mit Hilfe der Weisungsberechtigten umgesetzt. Zwischen den zeitlich kurzen Gruppensitzungen bearbeiten Teilnehmer bei Bedarf Aufträge der Gruppe zur vertieften Informationsbeschaffung oder zur Umsetzung von Lösungen und berichten darüber in weiteren Sitzungen. Die Bearbeitung der nach Dringlichkeit geordneten Aufgaben kann je nach Komplexität und Anzahl auch eine größere Anzahl von Treffen über einen längeren Zeitraum erfordern. Neben den sachlichen Ergebnissen entstehen durch das Lernen von Fachleuten voneinander bei den Teilnehmern in der Regel Könnensverbesserungen.
Das Vorgehen bewährt sich nicht nur in Großbetrieben und in KMU, sondern bei geeigneter Vorarbeit mit den Eigentümern auch in Kleinstunternehmen (Ishig, Looks & Melzer, 2007).
Erhebliche objektive wirtschaftliche sowie soziale Gewinne wurden mit dem Vorgehen erzielt. Sie betreffen unter anderem Qualitätsverbesserungen, Reduktionen von Bearbeitungs- und Wartezeiten (Neubert & Tomczyk, 1986; Hermann, 1986; Wetzstein, Oberkirsch & Schumann, 2003), die Verringerung logistischer Kosten (Ishig, Looks & Melzer, 2007) oder die Verbesserung von Arbeitsmitteln, z.B. Arbeitsplatzinformationssystemen in hochautomatisierten Technologien (Hacker, von der Weth, Ishig & Luhn, 2005).

3.6.4 Arbeitsprinzipien

Für den Erfolg der zeitweiligen Kleingruppenarbeit sind folgende Arbeitsprinzipien unerlässlich:

[2] Die Abschnitte 3.6.3 bis 3.6.6 sind entnommen aus A. Wetzstein, F. Jahn & W. Hacker (2004). *Der Aufgabenbezogene Informationsaustausch (AI). Eine Methode zur Gestaltung und Optimierung von Arbeitsprozessen.* TU Dresden/Psychologie/Arbeitsgruppe Wissen – Denken – Handeln. *Projektberichte*, Heft 27.

1. **Prinzip des Gleichgewichts des Geben und Nehmens:** Der Erfolg des AI ist davon abhängig, dass alle Beteiligten ihre Erkenntnisse zu den behandelten Sachverhalten einbringen. Auf diese Weise wird niemand ärmer dadurch, dass er Wissen anderen zur Verfügung stellt, weil er gleichzeitig neues Wissen von diesen gewinnt.

2. **Prinzip der Trennung von Zustandsanalyse und Lösungssuche:** Der AI setzt ein striktes Trennen der Arbeitsschritte des Sammelns von Informationen über Sachverhalte (Mängel, Veränderungserfordernisse, Ursachen etc.) von der Suche nach Lösungsmöglichkeiten zur Beseitigung von Mängeln, Auslösung erforderlicher Veränderungen, Beheben von Mängelursachen voraus.

3. **Prinzip des Trennens der Sammelschritte von Bewertungsschritten:** Die Informationssammlung zur Analyse des Ist-Zustands und zur Lösungssuche ist vom Bewerten der Aussagen zu trennen. Auch beim Bewerten von Sachverhalten zur Situation hinsichtlich ihres Zutreffens, ihrer Bedeutung bzw. der Reihenfolge ihrer Bearbeitung ist die Bewertung der gesammelten Sachverhalte zu trennen von der Bewertung der vorgeschlagenen Lösungsmöglichkeiten zu den einzelnen Sachverhalten.

4. **Prinzip „erst individuell arbeiten, dann gemeinsam“:** Das Sammeln von Sachverhalten und Lösungsmöglichkeiten sowie das Bewerten von Sachverhalten und Lösungsmöglichkeiten ist zunächst getrennt durch alle Teilnehmer jeweils für sich und erst danach in einer gemeinsamen Diskussion der gesammelten Information und der einzeln vorgenommenen Bewertungen auszuführen. Damit werden Erkenntnisse zu der unterschiedlichen Effizienz von Realgruppen- und Nominalgruppentechniken berücksichtigt.

5. **Prinzip des Vermeidens von Konsensdruck:** Bei den gemeinsamen Diskussionen zu den gesammelten Sachverhalten und Lösungsmöglichkeiten sowie zu deren Bewertung ist eine Konzentration auf Übereinstimmung, auf konsensuale Urteile zu vermeiden. Abweichende Einzelaussagen können zutreffender sein als geteilte Aussagen einer Gruppe.

6. **Prinzip der Prozess- und Ergebnisdokumentation für geteilte und ungeteilte Aussagen**: Alle Schritte der Informationssuche und der Informationsbewertung nebst der Begründungen für Bewertungen sind zu dokumentieren. Dabei sind sowohl Gruppenentscheidungen als auch abweichende Einzelfeststellungen festzuhalten (so genannte geteilte und ungeteilte Aussagen sind gleichermaßen dokumentationswürdig). Diese Dokumentation erfolgt durch den Moderator, der dadurch die gewonnene Information sichert, ihre Zugänglichkeit für am Gruppenprozess aktuell nicht teilnehmende Personen gewährleistet, den Gruppenprozess und seine Ergebnisse nachvollziehbar für andere macht sowie ein Selbstkontrollinstrument für die Gruppe und ihre Teilnehmer schafft.

7. **Prinzip der Externalisierung:** Die individuellen Arbeitsschritte sowie auch die kooperativen Arbeitsschritte bzw. Diskussionen sind begleitend soweit als möglich zu visualisieren unter Nutzung von Wandtafel, Flip-Chart oder „Kartentechniken“. Diese Visualisierungen sind zugleich Veräußerlichungen geistiger Vorgänge, die ihrerseits zur Lösungsentwicklung wesentliche Beiträge leisten können. Die Visualisierungen in Schrift, Schema oder Bild wirken als
   - Strukturierungsmittel der Gruppenarbeit, das abschweifende Diskussionen verhütet,
   - Mittel zur Gedächtnisentlastung und zum Vermeiden des Vergessens bereits entwickelter Sachverhalte durch einzelne oder die Gruppe insgesamt sowie
   - Mittel zur Verbesserung des Verstehens komplexer Prozesse, beispielsweise durch ihre schematisierende oder abstrahierende Darstellung.

8. **Prinzip der optimalen Bearbeitungsstrategie:** Es muss eine vollständige und abfolgelogisch optimale Ordnung der Aufgabenbearbeitung bzw. der Kommunikation in der Gruppe sichergestellt werden (optimaler Kommunikationszyklus; Tschan, 2002). Die Vollständigkeit muss die Aufgabenbearbeitungsphasen des Orientierens und darin der Informationssuche sowie der Bildung und Reihung von Unter- oder Teilzielen, das Entwerfen von Maßnahmen (Planen) und das Bewerten der entwickelten Lösungen sowie des Lösungsprozesses selbst umfassen. In der Aufgabenbearbeitungsphase des Orientierens kann die Vollständigkeit ihrerseits durch das Anwenden der so genannten W-Fragen sichergestellt werden.
9. **Prinzip der individuellen Arbeit im Gruppenauftrag**: Zwischen den Beratungen der Gruppe können im Auftrage der Gruppe individuelle Arbeitsschritte wesentliche Beiträge zum Erreichen des Gesamtziels beisteuern. Derartige Aufträge der Gruppe können sowohl Aufträge an im Gruppenprozess beteiligte Vorgesetzte mit ihrer Weisungsbefugnis und ihren direkten Zugängen zu übergeordneten Führungsebenen sein als auch Aufträge an Gruppenmitglieder ohne Führungsbefugnis, beispielsweise das Durchführen einer Arbeitsanalyse über einen festgelegten Zeitraum am eigenen Arbeitsplatz (Prinzip der so genannten Hausaufgaben).

3.6.5 Diskussionsregeln für die Gruppenarbeit

Der Moderator stellt Gesprächsregeln auf, die besonders in einer heterogenen Gruppe bedeutsam sind (nach Neubert & Tomczyk, 1986; Herrmann, 1986):

1. Nur wir als Arbeitsgruppe können sagen und entscheiden, wie die Tätigkeiten am günstigsten auszuführen sind, da wir sie täglich ausüben.
2. In irgendeiner Hinsicht weiß jeder von uns etwas, was die anderen noch nicht oder nicht in gleicher Weise kennen. Deshalb soll jeder seine Meinung sagen.
3. Wir müssen darauf achten, dass sich jeder an der Diskussion beteiligt. Jeder soll zu jedem Problem zu Wort kommen, zumindest aber die Möglichkeit dazu haben. Es wird nur das anerkannt und für wichtig befunden, woran man selbst beteiligt war.
4. Keiner von uns kann allein bestimmen, ob die von einzelnen Gruppenmitgliedern vorgetragene Äußerung richtig oder falsch ist.
5. Welcher Sachverhalt richtig ist, entscheidet die Arbeitsgruppe nach Diskussion der vorgetragenen Auffassung.
6. Ob ein Argument richtig ist, hängt nicht von der Funktion oder Stellung desjenigen ab, der es äußert. Ein Mensch kann nicht alles wissen oder sich auch irren, das gilt auch für Vorgesetzte.
7. Jedes Argument muss angehört werden. Alles kann zur Sache gesagt werden.
8. Auch abweichende, andersartige Auffassungen einzelner oder weniger Teilnehmer müssen angehört werden. Sie führen oft zu einer wichtigen Neuerung.

9. Zu einem Problem müssen wir erst alle Auffassungen sammeln, bevor wir bewerten, ob sie stimmen oder nicht. Wenn wir zu schnell eine Meinung fassen, fühlen sich diejenigen, die noch etwas dazu sagen wollen, benachteiligt und sagen evtl. ihre Meinung nicht mehr.
10. Äußert ein Vorgesetzter seine Meinung, wird sie oft ohne gründliche Prüfung anerkannt oder auch abgelehnt. Das müssen wir vermeiden.

Die grundlegenden Gesprächsregeln werden am besten kurz zusammengefasst auf einem Flipchart notiert und in jedem Treffen aufgehängt.

3.6.6 Grobkonzeption für die Gruppentreffen

Sitzung	**Inhalt**	**Methoden**
1	• Darstellung von Anlass oder Auftrag • Vorstellen der AI-Teilnehmer und der Moderatoren • AI-Regeln aufstellen • allgemeine Zielklärung • Erarbeitung eines gemeinsamen Aufgabenverständnisses • Vorstellen und Diskussion der wechselseitigen Ziele und Erwartungen	• Vortrag und Gruppendiskussion
2	• Sammlung von Problemen, belastenden Arbeitssituationen oder Mängeln und Bildung von Problembereichen (*Problemdefinition*) • *Fixierung von Zielen und Teilzielen* • Bildung einer Rangreihe der Bearbeitung	• Brainstorming • Karten-Antwort-Verfahren • Gewichtungsverfahren mit Mehrpunktabfrage
3 bis m	• *Informationssammlung*: Erarbeitung von Lösungsvarianten und Verbesserungsvorschlägen für die gesammelten Problembereiche in ihrer Rangfolge • *Informationsbewertung*: Konkretisierung und Bewertung von Ideen • *Transformation der Information* in Lösungen • *Auswahl von bzw. Entscheidung über Lösungen:* (Bewertung der Lösungen hinsichtlich Aufwand/Kosten vs. Dringlichkeit/ Wichtigkeit, Einordnung in Nah-, Mittel- und Fernziele) • Erprobung von Lösungen • Bewertung und Überarbeitung von Lösungen • *Einführung der* erprobten *Lösungen* (Termine, Verantwortliche) • Zwischenbewertung der Problemlösungen • Koordination mit nicht regelmäßig beteiligten Führungskräften und angrenzenden Organisationseinheiten	• Zuruf-Antwort-Verfahren • Karten-Antwort-Verfahren • Problem-Analyse-Schema • Individuelle Arbeit • Gruppendiskussion • Gewichtungsverfahren • Protokolle und regelmäßige Aushänge zur Information der nicht direkt am AI beteiligten Mitarbeiter
n	• Vereinbarung des weiteren Vorgehens und der Lösungsumsetzung nach Ablauf des AI • Bewertung des AI hinsichtlich Verlauf und Effekt	• Präsentation • Gruppendiskussion

3.7 Informationsgewinnung sowie Informationserzeugung bei Kunden/potentiellen Auftraggebern – unverzichtbare Grundlage der Überlebensfähigkeit von Unternehmen

3.7.1 Informationsgewinnung bei und Informationsangebot für potentielle Auftraggeber – Aufgabe aller Mitarbeiter mit Auftraggeber-/Kundenkontakt

Informationsfluss-Analysen betreffen nicht nur Informationsflüsse innerhalb einer Organisation. Mindestens so wichtig ist das Sichern der Informationszuflüsse von außen in die Organisation (das Unternehmen etc.), genauer die aktive Informationssuche außerhalb und die Umsetzung in Maßnahmen.

Hervorragende Bedeutung haben dabei

- die zielgerichtete Informationsgewinnung über die Erfahrungen und den aktuellen Bedarf von Kunden/Auftraggebern (Dettmers, Marggraf-Micheel, Stremming & Bamberg, 2007),
- die künftige Bedarfsentwicklung bei ihnen und am Markt generell, die Beziehungen zum Leistungsprofil des eigenen Unternehmens hat, sowie
- das Informieren potentieller Auftraggeber bzw. Kunden über Entwicklungen, die ihnen künftig nützen könnten und die vom eigenen Unternehmen angeboten werden könnten.

Mit diesem Informieren ist ein Schritt zum Service-Dienstleister vollzogen, mit dem gerade kleinere Unternehmen wachsende Anteile ihrer Umsätze realisieren.

Das Halten und Gewinnen von Auftraggebern bzw. Kunden ist im verschärften Wettbewerb nicht mehr das alleinige Ressort von Chefs bzw. Vertriebsabteilungen:
Jeder Mitarbeiter mit direktem und indirektem Kontakt mit Auftraggebern bzw. Kunden muss dabei als Bestandteil seiner Arbeit helfen.
Auftraggeber und Kunden sind besonders wichtige Quellen von neuen Ideen mit Markterfolg. Ohne neue Ideen gibt es keine sicheren Arbeitsplätze. Diese Ideen müssen alle Mitarbeiter beisteuern.

> Verbreitete Schlagworte für diese Entwicklung sind beispielsweise
>
> - „Kundenbedürfnisse sind zu wichtig, um sie nur der Geschäftsführung und dem Vertrieb zu überlassen."
> - „Verstehe den Bedarf deines (möglichen) Auftraggebers besser, als dieser selbst!"
> - „Auftraggeber und Kunden suchen Lösungen für ihre Probleme, nicht nur Produkte oder einzelne Leistungen."
> - „Das Vernachlässigen von Neuerungen wegen eines Auftragsdrucks heute ist nicht selten die Ursache der wirtschaftlichen Schwierigkeiten morgen."

Einige einfache Fragen sollte sich jeder bei oder nach direktem oder indirektem Kontakt mit Auftraggebern und Kunden stellen und die Antworten in Stichworten notieren:

3.7.2 Hilfsmittel: Checkliste zur Auswertung der Arbeit mit/für potentielle Auftraggeber bzw. Kunden

Die folgende Frageliste kann helfen, nützliche Informationen bei Auftraggebern/Kunden zu erfassen, festzuhalten und im Betrieb den Zuständigen auch zuzuführen.

Nach Kontakten mit Kunden bzw. Auftraggebern sollten Sie sich fragen, ob Ihnen zu den folgenden vier Punkten etwas einfällt:

1. *Gibt es Anzeichen für eingeschränkte Zufriedenheit des Kunden?*
    - Reklamation an einer Leistung?
        - Woran?
        - Was wurde beanstandet?
        - Was ist diesbezüglich bei uns zu verbessern? Wie?
        - Wen informieren?
    - Hinweise auf fehlende Zufriedenheit mit einer Leistung?
        - Welche? Was wünscht wer sich anders?
        - Was müsste dafür bei uns getan werden? Wie?
        - Wen informieren?

2. *Benötigt der Kunde Unterstützung bei seiner Arbeit mit einer unserer Leistungen/mit einem unserer Produkte?*
    - Welche Unterstützung benötigt er?
        - Wobei?
        - Wie könnten wir ihm helfen (Produktänderung; Unterlagenänderung; Einweisungsveränderung; Serviceverstärkung...)? Wer?
        - Könnte das auch anderen/eventuellen Neukunden nützen? Wem?
        - Wen im Betrieb darüber informieren?

3. *Könnte der Kunde für seine Aufgaben etwas benötigen, was wir ihm bieten können?*
    - Wie/Womit könnten wir ihm verhelfen, seine Arbeit noch besser zu machen?
    - Was müssten wir ihm vorschlagen/anbieten?
    - Könnte das auch anderen/eventuell auch Neukunden nützen? Wem?
    - Wer in unserem Unternehmen müsste das anbieten/bearbeiten?

4. *Gibt es künftige Entwicklungen, auf die wir Kunden/Interessenten aufmerksam machen und bei denen wir ihnen helfen könnten?*
    - Könnten wir dem Kunden/Neukunden Leistungen anbieten, die ihm künftig bei seiner Arbeit helfen? Welche?
    - Sehen wir in der Zukunft technische/wirtschaftliche Entwicklungen, auf die wir den Kunden/Interessenten hinweisen/zu den wir ihm Lösungen vorschlagen sollten?
    - Was müssten wir dafür entwickeln, um solche künftigen Kundenbedürfnisse erfüllen zu können?
    - Wer müsste das bearbeiten?

Je aufwandsärmer die Informationsgewinnung und Weitergabe organisiert wird, desto wahrscheinlicher ist, dass Kundenwissen und Bedarf bei potentiellen Auftraggebern genutzt werden. Bürokratie würde bremsen.
Ein aufwandsarmes „Ideenmanagement" speziell für Kleinbetriebe und KMU kann wie folgt beschaffen sein:

3.7.3 Organisation eines aufwandsarmen Reklamations-, Kundenbedarfs- und Ideenmanagement-Systems

Die erforderlichenfalls zu schaffende Voraussetzung sind regelmäßige, protokollierte Arbeitsbesprechungen aller Betriebsteile:

Voraussetzungen:

- Es gibt regelmäßige kurze Arbeitsbesprechungen aller Betriebsteile,
- diese finden nach einem mittelfristigen Plan statt,
- sie haben eine feste Tagesordnung,
- es gibt ein allen zugängliches Ergebnisprotokoll mit Festlegungen für konkrete Personen. Im Falle der Nichtteilnahme an der Besprechung muss die Kenntnisnahme des Protokolls unterschriftlich bestätigt werden.

Regelung:

- In festgelegtem größeren Turnus, beispielsweise am Quartalsende, berichtet und erläutert jeder Mitarbeiter, ob und welche Beobachtungen bzw. Ideen er bei seinem direkten bzw. indirekten Kontakt mit Auftraggebern und Kunden hatte.
- Anschließend Kurzdiskussion darüber, ob und welche Aktivität erforderlich ist mit einer Festlegung durch einen Vorgesetzten und deren protokollarischer Fixierung.
  Beispielsweise
    - keine Aktivität erforderlich
    - kurzfristige Maßnahmen erforderlich: Was? Wer? Bis wann?
    - mittel-/langfristige Maßnahmen erforderlich: Wer? Wann? Wiederbehandlung?
    - Anregung für Kooperationspartner: Welche? Wer?
- Festlegung von Person und Termin für die Bearbeitung bzw. Wiederbehandlung in einer diesbezüglichen Arbeitsbesprechung.
- Organisation der Termin- und Protokollkontrolle als fester Tagesordnungspunkt der Arbeitsbesprechungen.
- Zielvereinbarung für die Umsetzung abgeleiteter Maßnahmen.

4. Defizite im Informationsfluss sind Mängel in der Arbeits-/Organisationsgestaltung: Prinzipielle Wege der Defizitbeseitigung

4.1 Grundprinzipien der Informationsgestaltung: Hüten vor Modetorheiten

1. Das Erfassen und Beseitigen von Defiziten im Informationsfluss ist keine zusätzliche Aufgabe für das überlastete Management und die Mitarbeiter. Der Modebegriff „Wissensmanagement" könnte das fälschlich vermuten lassen. Informations- und Informationsflussgestaltung erfolgen in der unerlässlichen alltäglichen Betriebs- und Arbeitsorganisation beziehungsweise Arbeitsgestaltung! *Informationsgestaltung ist Arbeitsgestaltung und umgekehrt.*
2. Zum Optimieren des Informationsflusses ist deshalb kein „CKO" (Chief Knowledge Officer) erforderlich, den sich Kleinbetriebe ohnehin nicht leisten könnten. Jeder Vorgesetzte, jeder Arbeitsvorbereiter, jedes Team und *jeder engagierte Mitarbeiter organisiert und gestaltet* die Arbeit seines Verantwortungsbereiches und dabei auch den *Informationsfluss.* Sie sind die wirklichen Experten ihrer Arbeit, nicht die Beauftragten für Wissensmanagement.
   Sollten Vorgesetzte oder Mitarbeiter wirklich nichts von der Organisation und Gestaltung ihrer Arbeitsaufgaben verstehen, so liegen korrekturbedürftige Fehlbesetzungen vor, keine Informationsflussprobleme.
3. Das Optimieren des Informationsflusses ist *keineswegs in erster Linie ein IT-Problem.* Informationstechnologien sind ein mögliches und idealerweise ein rationelles Transport- und Bearbeitungsmittel für einen Teil der handlungsleitenden Informationen (nämlich die so genannten expliziten, alphanumerisch darstellbaren Informationen), aber nicht diese Information selbst.
   Auch hervorragende Transport- und Bearbeitungsmittel bewahren nicht davor, Informationsmüll über überflüssige Schnittstellen zu transportieren und zu bearbeiten. Daher gilt: Erst der Inhalt, dann das Mittel. Der Inhalt bestimmt das Mittel: Wer Möbel transportieren will, wählt dazu keinen Kinderwagen.

4.2 Prinzipielle Gestaltungswege als Findehilfen

Weil Arbeitsgestaltung stets auch Informations- und Informationsflussgestaltung ist, gibt es keine speziellen Wege und Verfahren der Informationsgestaltung.

> Bereits die Rationalisierung von Arbeitsprozessen im Sinne des Einsparens überflüssiger und des Verbesserns unzweckmäßiger Verrichtungen schließt das Optimieren des Informationsangebots, des Informationsflusses, das Einsparen überflüssiger Schnittstellen und Vorkehrungen gegen das Vergessen ein oder verweist auf das Verwenden bisher ungenutzter Informationen zur Rationalisierung. Beispielsweise markierte Gilbreth im Sinne seines Zeit- und Bewegungsstudiums verschiedene zu suchende und zu findende Teile mit unterschiedlicher Farbe als Findehilfe. Das ist Informationsoptimierung (lehrreiche und zugleich amüsante Beispiele dieser Art berichten Gilbreth & Gilbreth-Carey, ohne Jahr).

Eine gründliche Darstellung würde zu einem Lehrbuch der Organisations- und Arbeitsgestaltung führen. Deshalb werden nur die für den jeweiligen Fall zu verfeinernden Hauptwege der Informationsflussoptimierung als Findehilfen skizziert, und das erfolgt eingrenzend auch nur

für kommunikative Informationsdefizite, d.h. Defizite an Schnittstellen zwischen Bearbeitern beziehungsweise zwischen Organisationseinheiten.
Die vielfältigen erfolgreichen Wege zur Informationsoptimierung *innerhalb* der einzelnen Arbeitsprozesse *ohne* Schnittstellen (zum Beispiel Verstärkung von Informationen, Transformation von Rückmeldungen in geeignetere Sinnesbereiche, Reduktion der Störungen von Nutzinformation oder Beschleunigung verzögerter Rückmeldungen (display quickening)) sind in Handbüchern der Ergonomie dargestellt.

Prinzipielle Gestaltungswege kommunikativer Informationsflüsse sind:

4.2.1 Überflüssige Schnittstellen beseitigen und ganzheitliche Arbeitsaufgaben gestalten

Schnittstellen im Informationsfluss entstehen durch die Arbeitsteilung: Je schärfer die Teilung, je zerstückelter (partialisierter) die Aufgaben, desto mehr Schnittstellen existieren.
Die Forderung der ISO EN DIN 9241-2 zu gut gestalteten Arbeitsaufgaben mit der Vorgabe ganzheitlicher Aufgaben schließt also die Reduktion von Schnittstellen ein.

> Wenn beispielsweise Mitarbeiter aus der Fertigung und aus der Entwicklung auch Serviceaufgaben bei Kunden ausführen, so entfällt das Versickern entscheidender Information über die Produktbewährung und über Kundenbedürfnisse an den Abteilungsgrenzen; d.h. die Schnittstellen zwischen Service und Entwicklung, Service und Fertigung sowie Entwicklung und Fertigung sind aufgehoben.

Schnittstellen haben bei verschiedenen Aufgaben verschiedene Folgen. Hier wird nur ein häufig wirksamer Aspekt berücksichtigt. Beispielsweise kann die Arbeitsteilung mit der Folge des Entstehens von mehr Schnittstellen bei komplexen Aufgaben auch entlasten. Bei kreativer geistiger Arbeit können kommunikative Schnittstellen ebenfalls hilfreiche Aspekte haben: Zur Weitergabe müssen Ideen präzisiert und unter Umständen in eine andere Modalität – beispielsweise von Skizzen in Begriffe – übertragen und dabei abstrahiert und verallgemeinert werden.

4.2.2 Informationsfluss an Schnittstellen möglichst unabhängig machen von Kommunikationsdefiziten: Kommunikationsprozess entlasten

Wenn Schnittstellen unvermeidlich sind, sollte versucht werden, den Informationsfluss soweit als möglich von Kommunikationsdefiziten, die allgemeinmenschlichen Merkmalen des Informationsaustausches entstammen (vgl. dazu Abschnitt 1.3), zu entlasten.
Auch dafür sind herkömmliche Vorgehensweisen der Arbeitsorganisation geeignet. Unter anderem gilt:

- Vorgegebene Kennzeichnungs- sowie Ordnungssysteme von Arbeitsgegenständen, Arbeitsmitteln und Hilfsmitteln, welche die Informationsweitergabe zwischen Personen erübrigen, sind einzuführen.
  Zu denken ist an Beschriftungen, Markierungen, Lagersysteme oder an Behälter, in die nur ganz bestimmte Arbeitsgegenstände passen.
- Vorgegebene Dokumentationshilfen (beispielsweise Masken) gestalten, die nur bei vollständiger Bearbeitung den Eingabeprozess abzuschließen gestatten.

- Gelegentliche oder systematische Arbeitsrotationssysteme ermöglichen bzw. erzwingen, weil bei der Rotation zu vor-, nach- oder nebengelagerten Arbeitsplätzen eigene Erfahrungen über die dort erforderliche Information gesammelt werden kann. Sofern diese Rotation wechselseitig erfolgt (A geht zu B, B zu A) entsteht die Motivation zum optimalen wechselseitigen Informieren. Optimale Information wird gegeben, weil man ebensolche optimale Information empfangen möchte.

4.2.3 Informationsaustausch (und Informationserzeugung) organisatorisch unterstützen

Das Unterstützen des Informationsaustauschs durch organisatorische Regelungen ist deshalb zweckmäßig, weil dadurch laufende Ermahnungen und Kontrollen durch Führungskräfte zum Informationsaustausch reduziert werden können.
Die vielfältigen Möglichkeiten der organisatorischen Unterstützung des Informationsaustauschs haben ein gemeinsames arbeitsgestalterisches Merkmal. Es besteht darin, zwischen Arbeitsplätzen beziehungsweise Aufgaben, die durch die Arbeitsteilung von verschiedenen Personen beziehungsweise Gruppen oder Abteilungen ausgeführt werden, wenigstens ansatzweise Zusammenarbeit und dadurch teilweise gemeinsame Informationsgrundlagen für die Handlungsregulation (shared mental models) und idealerweise gemeinsame Verantwortlichkeiten zu schaffen. Das ist auf vielen Wegen möglich:

- Regelmäßige beziehungsweise wenigstens gelegentliche *Arbeitsrotation* sollte auf drei Ebenen ermöglicht werden, nämlich
  - zwischen informationell verbundenen Arbeitsplätzen,
  - zwischen informationell verbundenen Gruppen beziehungsweise Abteilungen,
  - zwischen kooperierenden Betrieben beispielsweise im Rahmen von Firmennetzwerken.
- Einführen von *Gruppenarbeit* mit einer gemeinsamen Verantwortung der Mitglieder für komplexe Aufgaben. Dabei ist allerdings zu berücksichtigen, dass für erfolgreiche Gruppenarbeit unbedingt die erforderlichen Voraussetzungen gegeben sein müssen, um sie nicht zur Farce zu machen (vgl. dazu Hacker, 2005). Dazu gehören insbesondere, dass die Aufgabe tatsächlich besser in Gruppen- als in Einzelarbeit zu erfüllen ist, und dass die Selbstorganisation der Gruppenarbeit zunächst geübt wird.
- Organisieren von einander *überlappenden Grenzen* zwischen Arbeitsplätzen von Einzelnen beziehungsweise von Gruppen. Bei überlappenden Gruppengrenzen entstehen Doppelmitgliedschaften in voneinander abhängigen Gruppen zwecks Vermeidung von schnittstellenbedingten Abschottungen gegen einen Informationsaustausch oder gar von Informationszurückhaltungen durch Rivalitäten.

  Bei Gruppen mit ausbildungs- und aufgabenseitiger Heterogenität der Mitglieder (beispielsweise Mechaniker und Elektroniker oder Entwickler und Vertriebsfachleute) ist diese Doppelmitgliedschaft besonders wichtig. Bei zeitweiliger Mitarbeit in einem interdisziplinären Team bleibt die Zugehörigkeit zur Mutterabteilung erhalten, um die fachspezifischen Anregungen und Weiterentwicklungen nicht zu verhindern. Ohne sie würde der betreffende Mitarbeiter bald als Partner in interdisziplinären Teams uninteressant werden.
- Zeitlich kurzfristig *überlappende Schichten beziehungsweise Stellenbesetzungen* sollten dort organisiert werden, wo die Informationsübergabe das Betriebsergebnis ausschlaggebend mitbestimmt. Das kann arbeitstäglich beispielsweise auf Intensivstationen von Krankenhäusern erforderlich sein oder beim Ausscheiden von Know-how-Trägern aus Einrich-

tungen. Im letzteren Falle ist die zeitweilige gemeinsame Arbeit von Vorgängern und Nachfolgern im Sinne des Lernens im Beistellverfahren nützlich.
Bei umfangreichen zu erlernenden Informationskomplexen reicht das Beobachtungslernen beim Mitgehen im Sinne dieses Beistellverfahrens nicht aus und sollte durch wirkungsvollere Methoden ergänzt werden (beispielsweise durch den tutoriellen Dialog, durch „read through" zum Beispiel von Arbeitsanweisungen; durch „walk through", vgl. Hacker, 1992; Sonntag & Stegmaier, 2007).

- *Arbeitsberatungen* mit fester Tagesordnung und *Ergebnisdokumentation* sowie Abzeichnungspflicht der Protokolle nach Abwesenheit. Gelegentlich werden in Kleinbetrieben Arbeitsberatungen wegen der häufigen Kontakte für überflüssig gehalten. Dabei wird jedoch die Zufälligkeit des Austausches mit den entstehenden Informationsflussdefiziten deutlich unterschätzt.
- Vorgeschriebene *Hilfsmittel für die Informationsübergaben* beziehungsweise den Informationsaustausch können insbesondere dem Vergessen vorbeugen und sind zugleich längsschnittlich auswertbare Dokumentationen zur Entwicklung des Informationsverhaltens in der Organisation.
- Verbindliches Einführen geregelter Kommunikationsformen beispielsweise im Sinne einer Drei-Wege-Kommunikation, die bei risikoreichen Arbeitsprozessen unerlässlich ist:
  - A (in der Regel der Vorgesetzte oder Schichtleiter) gibt Anweisungen nach dem Ziel-Bedingungs-Maßnahmenprinzip;
  - B (der Ausführende) wiederholt zunächst die Anweisung und teilt die von ihm zu ihrer Realisierung beabsichtigten Einzelschritte mit Abfolge, Begrenzungen etc. mit;
  - A bestätigt bzw. korrigiert diese Rückmeldung und erteilt die Freigabe zur Ausführung.

4.2.4 Gewinnen neuer Information für das Unternehmen/Arbeitsprozesse lernanregend organisieren

Jedes Unternehmen muss hinzulernen und benötigt Information von außen. Beides kann durch organisatorische Vorkehrungen unterstützt werden. Zu denken ist dabei unter anderem an Folgendes:

- Lernanregungen schaffen, das heißt Aufbauen neuer Informationen durch die oben genannten Formen der Arbeitsrotation und die Arbeit in optimal organisierten und in Bezug auf ihre Kompetenzen heterogen zusammengestellten Gruppen.
- Organisation von Lernanregungen im vertikalen Informationsaustausch zwischen Vorgesetzten und Mitarbeitern. Dieser vertikale Informationsaustausch kann organisatorisch unterstützt werden durch Qualifikationsmaßnahmen im Arbeitsprozess und zusätzlich zu diesem, welche durch die Führungskräfte organisiert werden, sowie durch Analysen und Verbesserungen in den vertikalen und horizontalen Informationsflüssen durch den Vorgesetzen als Bestandteil seiner Führungstätigkeit.
  Als Hilfsmittel können dafür die Fragen in den Anhängen C und D dienen.
- Gewinnen von Praktikanten, Diplomanden oder Doktoranden zur Bearbeitung betrieblicher Aufgabenstellungen mit deren zeitweiliger Integration in die betrieblichen Prozesse sowie Kooperation mit Forschungseinrichtungen.

- Organisation von u.a. Messe- oder Kongressbesuchen mit konkreten Aufträgen zur Informationsgewinnung und deren systematischer Auswertung vor möglichst breiten Adressatenkreisen im Unternehmen.
- Gewinnung und Auswertung von Informationen bei Kunden-/Auftraggeber-Kontakten (vgl. hierzu Abschnitt 3.7).

BEISPIELE

Informationsflussverbesserung zwischen Kunden, Konstruktion und Fertigung in einem Kleinbetrieb des Sondermaschinenbaus

(Bearbeiter: F. Pietzcker & V. Fuchs)

Bearbeitungsanlässe

- Nach- bzw. Zusatzarbeit in Konstruktion, Arbeitsvorbereitung und Fertigung aufgrund von fehlender bzw. verspäteter Information.
  Dazu gehören u. a.
  - in Bestellungen der Kunden fehlt die Zuordnung der Teilezeichnungen zu den Stücklistenpositionen → Folge: Die Arbeitsvorbereitung muss die Zuordnung nachträglich vornehmen.
  - gefaxte Zeichnungen von Kunden sind ungenau; Maße sind teilweise nicht erkennbar → Folge: Die Arbeitsvorbereitung muss bei den Kunden rückfragen und danach Ergänzungen vornehmen. Es treten Zeitverluste und verzögerte Weitergaben der Unterlagen an die Fertigung auf.
  - unvollständige Zeichnungen der Konstruktion → Folge: Nachfragen der Fertigung mit Arbeitsunterbrechungen und Zeitverlusten sowohl in der Fertigung wie auch in der Konstruktion.
  - Informationsmangel über Funktionsweisen eines zu montierenden Neuprodukts in der Fertigung → Folge: Keine Fehlervorbeugung möglich; kein innovierendes Mitdenken bei der Montage.
- Eingeschränkter Erfahrungsaustausch in der Fertigung.

Erarbeitete informationsbezogene Maßnahmen

- Entwicklung und Einführung eines Formblatts zur vollständigen Auftrags-/Angebotsprüfung
- Festlegungen zur systematischen Informationsweitergabe von der Konstruktion an die Fertigung
- Erfassung und Dokumentation impliziten Wissens von Vertriebsmitarbeitern zur Nutzung durch andere Mitarbeiter
- Dokumentieren von Kundenerfahrungen und Kundenwünschen durch das Vertriebs- und Wartungspersonal als Grundlage für deren Nutzung in der Konstruktion
- Einführung eines Ablagestandards für Zeichnungen im Sinne einer findefreundlichen Wissensdokumentation und Wissensbereitstellung
- Verbesserung der Voraussetzungen zum Wissensaustausch in der Fertigung

Ergebnisse

- Senkung der Mängelrate in der Konstruktion um 3,5%,
- Senkung von Nacharbeits-/Zusatzarbeitskosten in der Fertigung für Material und Lohn um 8%,
- Steigerung der Produktivität in einem CNC-Zentrum mit Mehrmaschinenbedienung durch Systematisierung der Erfahrungsweitergabe um fast 50%,

jeweils gegenüber den Ausgangszuständen vor Einführung der Verbesserungsmaßnahmen.

Die Bearbeitung erfolgte als Kleingruppenarbeit im Sinne der Regeln des Aufgabenbezogenen Informationsaustauschs (vgl. Abschnitt 3.6).

Informationsflussverbesserung im Fertigungsprozess eines Kleinbetriebs der Präzisionsmechanik

(Bearbeiter: M. Melzer & U. Metz)

Bearbeitungsanlässe

- Produktivitäts-(Material- und Arbeitszeit)verluste durch das Erzeugen von Ausschussteilen bei falschem Material- und Werkzeugeinsatz aufgrund fehlender Information;
- Produktivitätsverluste durch Maschinenstillstandszeiten wegen des Suchens nach geeigneten Werkzeugen aufgrund fehlender Informationen.

Erarbeitete informationsbezogene Maßnahmen

- Erarbeitung und Einführung eines Systems der Materialkennzeichnung durch Mitarbeiter der Fertigungsvorbereitung und der Fertigung;
- Erarbeitung und Visualisierung von Verschleißkennwerten von Werkzeugen durch Mitarbeiter der Fertigungsvorbereitung und der Fertigung;
- Reorganisation der Werkzeugverwaltung zur Vermeidung von Such- und Wartezeiten;
- Beschleunigter Informationsfluss vom Qualitätsmanagement in die Fertigung.

Ergebnisse

- Senkung des Anteils von Ausschussteilen um 15%;
- Verringerung der Maschinenstillstandszeiten um 23%;

jeweils gegenüber den Ausgangszuständen vor dem Umsetzen der Maßnahmen.

Die Bearbeitungsanlässe wurden in einer spezifischen Form der Kleingruppenarbeit (im aufgabenbezogenen Informationsaustausch) partizipativ identifiziert, und anschließend wurden die Verbesserungsmaßnahmen gleichfalls gemeinsam entwickelt und durch die Verantwortungsträger eingeführt (zum Vorgehen vgl. Abschnitt 3.6).

Insgesamt wurden mit diesen und weiteren informationsbezogenen Arbeitsgestaltungsmaßnahmen Umsatzsteigerungen um 9% gegenüber dem Vergleichszeitraum im Vorjahr erzielt.

Verbesserung der Informationsbereitstellung für das Bestellwesen eines IT-Kleinstbetriebs

(Bearbeiter: P. Looks)

Bearbeitungsanlass

In einem Kleinstunternehmen der IT-Branche wurde das als ineffizient eingeschätzte Bestellwesen analysiert und schrittweise verändert.

Die ermittelten informationsbezogenen Defizite waren u.a.

- ungenügende wechselseitige Informationen und Abstimmungen über die Bestellinhalte,
- fehlende wechselseitige Information über Bestellzeitpunkte,
- fehlende Informationen über Zuständigkeiten.

Erarbeitete und eingeführte informationsbezogene Maßnahmen u.a.

- Festlegung eines koordinierenden Verantwortlichen für das Bestellwesen;
- Festlegung von Zeitpunkten für bestimmte Bestellinhalte;
- Einrichtung einer Ablage für ausgelöste Bestellungen.

Ergebnisse

- Senkung der Versandkosten pro 1000 € Umsatz um 73% innerhalb eines Jahres.

Die Bearbeitung erfolgte mit dem für Kleinstbetriebe modifizierten Aufgabenbezogenen Informationsaustausch als integrativem Vorgehen im Sinne von Abschnitt 3.6.

Informationsfluss in einem mittelständischen Betrieb der Anlagenfertigung
(Bearbeiter: A. Ishig & P. Looks)

Bearbeitungsanlässe

- Übersehen/Übergehen von erforderlichen Informationen bei der Auftragseinsteuerung;
- Auslieferung von Anlagen vor der Fertigstellung wegen Terminüberschreitung;
- Erhöhte Kosten u. a. durch Softwareanpassungen nach der Anlagenauslieferung vor Ort.

Zusammenstellung von Ergebnissen der Informationsflussanalysen

Die Tabelle B 4.1 illustriert anhand des Auftragsdurchlaufs die kommunikativen Schnittstellen im Unternehmen. Die Tabellen B 4.2 bis B 4.4 stellen Befunde der Schnittstellenanalyse zusammen.

Die Tabelle B 4.5 fasst die Auswirkungen auf das gesamte Unternehmen zusammen. Tabelle B 4.6 illustriert Folgen mangelhaften Informationsflusses anhand entstehender Schwierigkeiten in den beiden Abteilungen Vertrieb und Technik.

Beispiele für die vermutlichen Ursachen der Defizite im Informationsfluss im Betrieb stellt die Tabelle B 4.7 dar.
Da die Untersuchungen keine Längsschnittbefunde wiedergeben und bei Untersuchungsende die Veränderungsmaßnahmen zunächst nur eingeleitet waren, kann nur von vermutlichen Ursachen gesprochen werden, und die Ergebnisse der Veränderungsmaßnahmen lagen nicht vor.

Die Bearbeitung erfolgte in abteilungsbezogenen und abteilungsübergreifenden Kleingruppenberatungen im Sinne des Aufgabenbezogenen Informationsaustauschs (vgl. Abschnitt 3.6).

Tabelle B 4.1: *Bereiche im Auftragsdurchlauf*

Auftragsdurchlauf	Leiter der Vertriebsabteilung	Leiter der Technikabteilung	Konstrukteur (Mechanik)	Konstrukteur (Elektrik)	Einkäufer	Fertigung und Montage von Komponenten	Testlauf, messtechnische Erprobung	Softwareentwicklung und -anpassung
1. Vertrieb	X							
2. Technikabteilung		X	X	X				
3. Einkauf					X			
4. Fertigung						X		
5. IBN							X	
6. Software-entwicklung								X

Tabelle B 4.2: *Ergebnisse der Informationsflussanalyse: Beschreibung der Schwachstellen*

Güte der erhaltenen Information	Leiter der Vertriebsabteilung	Leiter der Technikabteilung	Konstrukteur (Mechanik)	Konstrukteur (Elektrik)	Einkäufer	Fertigung und Montage von Komponenten	Testlauf, mess-technische Erpro-bung
a) *Infos kommen vollständig/ teilweise/nicht* ***vollständig***	teilweise	teilweise	nicht voll-ständig	teilweise	zu 85% ausreichend	teilweise	teilweise
b) *Infos kommen* ***rechtzeitig****/ nicht rechtzeitig/zu spät*	z.T. nicht rechtzeitig	z.T. nicht rechtzeitig	eigene Verantwor-tung	allg. Infos rechtzeitig	meist zu spät	einige Infos zu spät	nicht immer rechtzeitig
c) *Infos zu best. Sachverhalten* ***fehlen*** *ganz*	ja	ja	selbst aktiv kümmern	ja	-	ja	-
d) ***Informationsüberflutung,*** *z.B. aufgrund mehrfacher Zustellung*	z.T.	-	-	-	-	-	-
e) *Infos in Datensystemen sind* ***nicht mehr aktuell****/veraltet*	-	-	-	-	ja	ja	z.T. kleine Lücken

Tab. B 4.3: *Beschreibung der Schwachstellen (Fortsetzung)*

Arten *fehlender* oder *unvoll-ständiger* Informationen	Leiter der Vertriebsabteilung	Leiter der Technikabteilung	Konstrukteur (Mechanik)	Konstrukteur (Elektrik)	Einkäufer	Fertigung und Montage von Komponenten	Testlauf, messtech-nische Erprobung
a) *Allg. Hintergrundinfos zum Projekt*	-	ja	-	-	-	ja	ja
b) *Technische/andere Details/ Einzelheiten (z.B. Zeichnun-gen, Machbarkeiten, Tech-nikentwicklungen)*	ja	ja	ja	ja	ja	ja	ja
c) *Inhalte der Kommunikation mit Kunden*	-	-	-	-	-	ja	-
d) *Nicht dokumentiertes (z.B. informelles) Wissen (in Köpfen)*	-	ja	-	-	-	ja	-
e) *Viele (ca. 70%) Fragen sind zum Zeitpunkt der Einsteue-rung nicht vom Vertrieb be-antwortbar*							

Tabelle B 4.4: *Beschreibung der Schwachstellen (Fortsetzung):*

Hol- und Bringkultur	Leiter der Vertriebsabteilung	Leiter der Technikabteilung	Konstrukteur (Mechanik)	Konstrukteur (Elektrik)	Einkäufer	Fertigung und Montage von Komponenten	Testlauf, messtechnische Erprobung
a) Infos werden direkt vom ***Kunden*** *eingeholt*	50% der Infos	ja	ja	ja	nein	nein	-
b) Infos werden von ***vor-/ nachgelagerten Arbeitsplätzen (auch Lieferanten)*** *eingeholt*		-	ja	ja	z.T. bei Lücken	90% der Infos	ja
c) Info wird aus ***Projektdatei/ anderen Datensystemen*** *geholt*	-	-	-	-	ja	ja	ja
d) Infos werden ***gebracht***	50%	L. übergibt vorhandenes Wissen	teils teils	teils teils	ja	in Anlaufbesprechung	teils teils

Tabelle B 4.5: *Zusammenfassung der Ergebnisse*

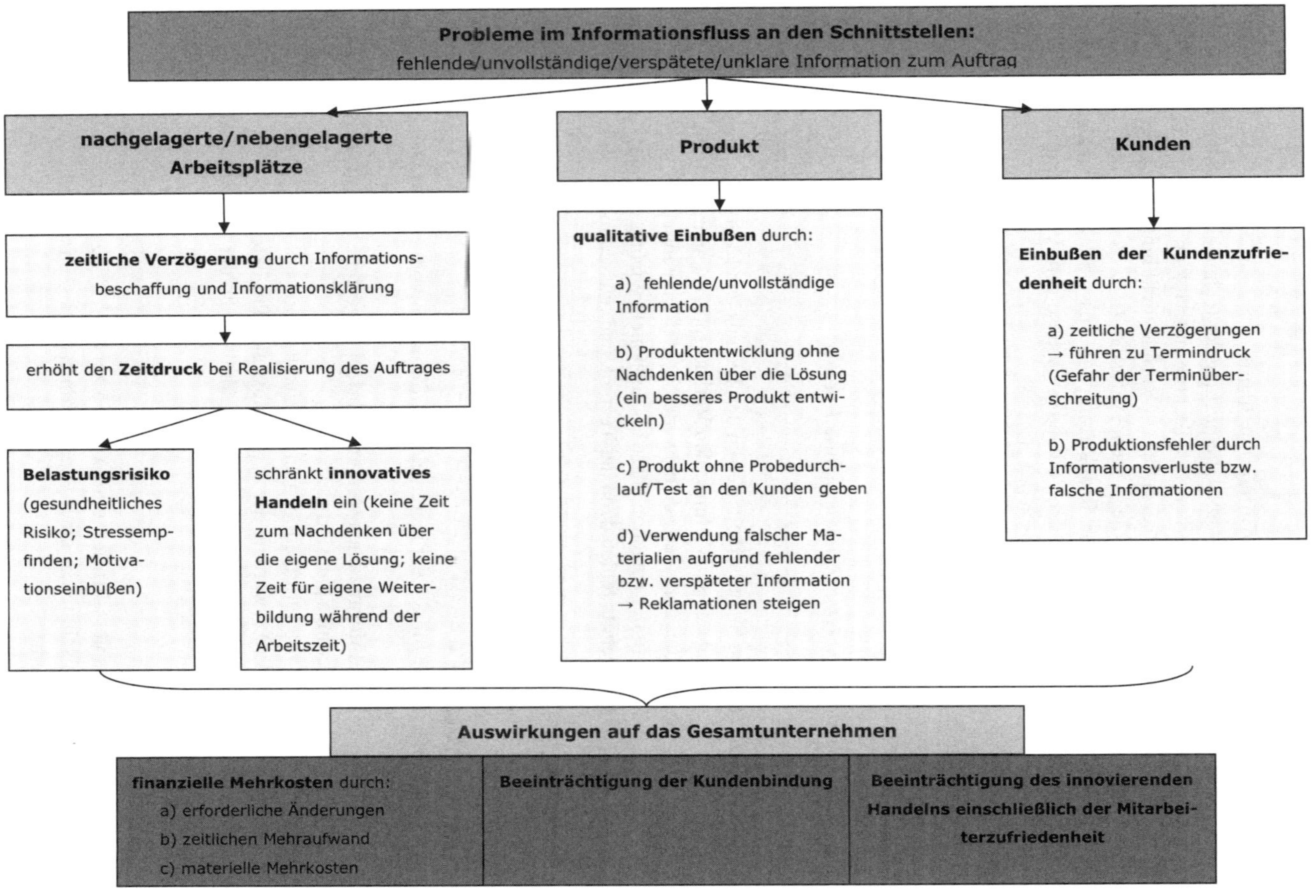

Tabelle B 4.6: Folgen mangelhaften Informationsflusses

Probleme in einzelnen Phasen des Auftragsdurchlaufs:

- Vertrag wird vom Vertrieb ohne Überprüfung der technischen Realisierbarkeit bestätigt, da die Zuarbeit von Technik zu spät kam;
- Technik muss eine Anlage bauen, die im Vorfeld nicht hinsichtlich der Realisierbarkeit geprüft wurde → mehr Aufwand;
- Technik hat Probleme bei der Realisierung von Ausstattungsmerkmalen, da die benötigten Details in der Verhandlungsphase vom Vertrieb nicht dokumentiert oder gar erfragt wurden.

Tabelle B 4.7: Mögliche Ursachen von Schwachstellen

- Unterschiedliche Sicht-/Arbeitsweisen der Technik- und Vertriebsabteilung:
  - Technische Details lähmen den Verkaufsprozess vom Vertrieb.
  - Sie werden vom Vertrieb entweder nicht dokumentiert oder erfragt, weil sie in der Angebotsphase als noch nicht wichtig erachtet werden.
  - Diese Details fehlen dann der Technik und müssen mühevoll recherchiert werden.
  - Die Informationsweitervermittlung von Beteiligten aus beiden Abteilungen an die andere Abteilung ist an manchen Stellen mangelhaft.
  - Es bestehen Unklarheiten darüber, wer für die Abstimmung mit Kunden zuständig ist.
- Fehlende Festlegungen darüber, welche Information von wem an wen weitergeleitet wird:
  - E-Mail/Informationen werden mehrfach zugestellt, insbesondere wenn Vertreter im Spiel sind;
  - Fehlen von Informationen an Arbeitsplätzen;
  - fehlende Auswertung der abgeschlossenen Projekte;
  - wenig Lernen von alten Projekten, ähnliche Fehler werden wiederholt.

Das nachfolgende Beispiel illustriert eine Analyse zunächst der generellen Informationsflüsse zwischen Organisationseinheiten eines Unternehmens. Die Einzelinhalte der Informationen sind dabei zurückgestellt.

Anweisung einer Schalthandlung in einer hochautomatisierten Anlage: Kommunikation/Informationsfluss bei Führungsaufgaben

(Bearbeiter: W. Hacker)

Bearbeitungsanlass

Der Schichtleiter einer hochautomatisierten Anlage gab einem Anlagenfahrer die situationsgerechte Anweisung zum Abfahren der Anlage. Einzelheiten zu Tempo und Grenzwerten ließ er offen, weil dabei eine häufig geübte Situation vorliegt. Der Anlagenfahrer führt den Auftrag zwar weisungsgerecht, aber mit eigenen Festlegungen zu Tempo und Grenzwerten aus. Über seine Interpretation der Weisung gibt er dem Schichtleiter keine Rückmeldung und dieser fragt sie auch nicht ab.
Der im Prinzip zutreffende Abfahrvorgang trägt durch die Art seiner Abwicklung zu einer wirtschaftlich äußerst folgenreichen Störung bei.

Informationsbezogene Veränderungsmaßnahmen

Die aus der Analyse dieses Vorgangs abgeleiteten Veränderungsmaßnahmen bestehen in der verbindlichen Einführung und der Schulung der so genannten Drei-Wege-Kommunikation. Diese besteht aus (1) der Anweisung des Vorgesetzten, (2) der Bestätigung des Weisungsverständnisses des Mitarbeiters durch die Mitteilung seiner beabsichtigten Maßnahme zur Realisierung der Anweisung einschließlich ihrer Merkmale und Grenzen sowie (3) der Freigabe/ Bestätigung dieser Maßnahme durch den Anweisenden.
Der Inhalt dieser Drei-Wege-Kommunikation hat dem ZBM-Prinzip zu folgen, d.h. das beabsichtigte Ziel, die zu beachtenden bzw. beachteten Bedingungen und die beabsichtigte Maßnahme zu beinhalten.

Das Beispiel veranschaulicht die Verbindung von kommunikativem Informationsfluss und Führungstätigkeit, die in zahlreichen Arbeitssystemen in der Industrie, im Dienstleistungsbereich und in der Verwaltung entscheidenden Einfluss auf die Arbeitsresultate ausübt.

Schichtübergabe zwischen Pflegekräften in der stationären Krankenpflege

(Bearbeiter: N. Stab)

Realisierungsformen

Die Schichtübergabe beim Pflegepersonal stellt den einzigen zeitlich fest geregelten Informationsfluss im Pflegeprozess dar: Der scheidende Dienst übergibt dem Nachfolgedienst aktuelle Informationen zu den auf Station verweilenden Patienten. Zeitlich ist für die Schichtübergabe etwa eine halbe bis eine Stunde veranschlagt.

Für die Umsetzung der Schichtübergabe beim Pflegedienst gibt es allerdings verschiedene Handhabungen. Folgende Parameter der Schichtübergabe können variieren:

- der Ort der Schichtübergabe,
- die Person(en) des/der Übergebenden,
- die Person(en) des/der Übernehmenden,
- der Umfang der Informationsübergabe,
- die Informationsdokumentation seitens des/der Übernehmenden.

Ort der Schichtübergabe

Bei der Schichtübergabe des Pflegedienstes können hinsichtlich des Ortes zwei Formen unterschieden werden. Zum einen die Schichtübergabe im Stationszimmer, zum anderen die Übergabe am Patientenbett. Der Unterschied dieser Übergabeformen ist der Grad der Patientenbeteiligung. Bei der Übergabe im Stationszimmer werden die Patienten nicht einbezogen; Informationen werden aus Sicht der Pflegenden weitergegeben. Der Vorteil dieser Variante besteht darin, dass Verhaltensweisen der Patienten besser artikuliert bzw. Informationen „ungeschönt" weitergegeben werden können.

Die Übergabe am Patientenbett ist eine Form der Schichtübergabe, bei der der Patient direkt einbezogen wird, Fragen stellen sowie auf Wichtiges hinweisen kann. Die Compliance und Eigenverantwortung beim Patienten werden durch dieses Vorgehen möglicherweise gestärkt. Zusätzlich ist dem Patienten der Nachfolgedienst bekannt.

Die Person(en) des/der Übergebenden

Unterschiede gibt es bei den Schichtübergaben zwischen Stationen bzw. Kliniken auch hinsichtlich der übergebenden Personen.

Die Übergebenden können die Funktion des Schicht- oder Stationsleiters bekleiden und die zu übergebenden Informationen nicht selbst erzeugt bzw. erfahren haben, sondern aus Dokumentationen oder aus Berichten anderer Pflegender entnehmen. Ebenso gibt es Schichtübergaben, bei denen die Pflegenden nur Informationen weitergeben zu den Patienten, die von ihnen betreut wurden. Eine dritte Variante stellt die gemeinsame Übergabe von direkt Betreuenden sowie der Schichtleitung dar. Die direkt Betreuenden liefern auch hier die Informationen zu den Patienten während die Schichtleitung übergreifende organisationale Aspekte ergänzt.

Die Schichtübergaben können in Form mehrerer kleinerer parallel laufender Übergaben ausgeführt werden, bei denen die für eine Patientengruppe zuständige Pflegekraft nur die Informationen zu ihren Patienten an den Nachfolgedienst übergibt, der auch nur diese Patienten betreut. Die Übergaben werden damit zeitlich verkürzt. Außerdem können die zu betreuenden Patienten intensiver besprochen werden. Der Nachteil dieser Variante ist, dass keinerlei Information zu anderen Patienten vorliegt. Jedoch ist fraglich, ob bei einer Übergabe für beispielsweise 30 bis 40 Patienten die Pflegenden alle erforderlichen Informationen tatsächlich speichern können.

Die Person(en) des/der Übernehmenden

Einerseits gibt es Schichtübergaben, an denen alle Beteiligten des Nachfolgedienstes (auch Zwischendienste, Hilfskräfte, Praktikanten etc.) partizipieren, andererseits werden nur examinierte Pflegekräfte mit dreijähriger Ausbildung, die für die Aufgabenverteilung bzw. Schichtorganisation verantwortlich sind, an der Übergabe beteiligt.

Ebenso existieren Unterschiede beim Einbezug von Zwischendiensten bzw. Teilzeitkräften. Häufig wird dieses Problem mittels kleinerer Übergaben bzw. informeller Absprachen zu Beginn der Zwischendienste gelöst.

Der Umfang der Informationsübergabe

Der Umfang der Informationsübergabe variiert zwischen den Schichtübergaben verschiedener Stationen hinsichtlich der folgenden Abstufungen:

- Verweis auf Dokumentation;
- Verweis auf Dokumentation und gelegentliche Zusatzinformationen zu einem/einigen Patienten;
- Verweis auf Dokumentation und stets Zusatzinformationen zu allen Patienten.

Dabei bestehen Unterschiede auch bezüglich der Information über psychosoziale Aspekte und Problemsituationen bei Patienten.

Informationsdokumentation seitens des/der Übernehmenden

Des Weiteren unterscheiden sich Schichtübergaben dahingehend, ob wichtige Informationen seitens des Nachfolgedienstes nur angehört oder auch schriftlich fixiert werden. Wenn Informationen der Schichtübergabe dokumentiert werden, kann nochmals unterschieden werden, ob das eine feste Stationsgewohnheit darstellt, die von allen Beteiligten praktiziert wird und durch den Einsatz von Notizheften oder vorbereiteten Belegplänen unterstützt, oder ob das Vorgehen nach den Vorstellungen des Einzelnen praktiziert werden kann.

Zu empfehlende Lösung

Gesicherte Ergebnisse zu den Auswirkungen unterschiedlicher Varianten der Schichtübergabe im Krankenhaus fehlen unseres Wissens noch. Als Empfehlung für eine Mindestgestaltung kann gelten: Die Pflegenden sollten

- in jedem Dienst bei der Übergabe beteiligt werden,
- Zeit für ausführliche Schichtübergaben zur Verfügung gestellt bekommen, wobei jeder Patient detailliert besprochen werden kann,

- dazu angehalten werden, wichtige Informationen bei der Schichtübergabe aufzuschreiben. Beispielsweise könnten vorgefertigte Pläne (z.B. Belegungsübersichten) bei der Übergabe zur Verfügung stehen, so dass sich die Mitarbeiter bei Bedarf Notizen machen können,
- bei jeder Schichtübergabe ihre Arbeit selbst an die zuständigen Pflegenden des Nachfolgedienstes übergeben. Bei einer Übergabe allein durch den Schichtleiter könnten wichtige Informationen verloren gehen. Der Schichtleiter sollte aber bei der Schichtübergabe anwesend sein und gegebenenfalls Ergänzungen vornehmen.

ANHANG

Anhang A: Hilfsmittel zum bedingungsbezogenen Ermitteln erforderlicher Information am Arbeitsplatz

(ausgewählte TBS-Skalen; Hacker, Fritsche, Iwanowa & Richter, 1995)

Mit steigendem Stufenwert (in Klammern) steigen die aufzunehmenden bzw. auszutauschenden Umfänge an Information.

1. Auftragswechsel
Häufigkeit des Wechsels von Aufträgen, die anforderungsmäßig verschiedene Verrichtungen erfordern

(1) seltener als jährlich
(2) etwa jährlich
(3) etwa halbjährlich
(4) monatlich
(5) wöchentlich
(6) mehrmals pro Woche

2. Formen kooperativer Arbeit

(0) isolierte Einzelarbeit **ohne** Kooperation
(1) kooperationslose Arbeit mit unterschiedlichen Arbeitsgegenständen (Artteilung)
(2) kooperationslose Arbeit mit gleichartigen Arbeitsgegenständen (Mengenteilung)
(3) Kooperation mit vorwiegend zeitlichem Abstimmungserfordernis (Art- bzw. Mengenteilung)
(4) do. mit selbstorganisiertem Zeitregime
(5) Gruppenarbeit mit zeitlichem und diagnosen-/maßnahmebezogenem Abstimmungserfordernis ohne selbstorganisiertes Zeitregime (Artteilung)
(6) do. mit selbstorganisiertem Zeitregime
(7) selbstorganisierte Gruppenarbeit (Artteilung) mit kollektiver Selbstorganisation von Zeitregime, Arbeitsmethoden und Arbeitsverteilung im Team
(8) do. mit Aufgabenfestlegung im Team (innerhalb des gegebenen Rahmens)

3. Auftragsbedingte Enge der Kooperation

(0) überwiegend keine kooperativen Verrichtungen erforderlich
(1) zwei oder mehrere Personen arbeiten arbeitsteilig nacheinander am gleichen Arbeitsgegenstand; die Zusammenarbeit wird durch (gemeinsam) abgestimmte, aber voneinander **unabhängig ausgeführte** Tätigkeiten am Arbeitsgegenstand realisiert
(2) zwei oder mehrere Personen arbeiten arbeitsteilig **unmittelbar** kooperativ **miteinander** am gleichen Arbeitsgegenstand

4. Auftragsbedingte Kommunikationsinhalte

(0) keine auftragsbedingten Kommunikationsinhalte

Auftragsbedingte Kommunikationen beinhalten überwiegend
(1) Weitergabe/Empfang von Informationen/Anweisungen; Routineauskünfte
(2) Abstimmungen **organisatorischer** Sachverhalte
(3) Abstimmungen **auch zu** Tätigkeits**inhalten**
(4) Lösen von **Problemen** bei **gleicher** Zielstellung der Partner
(5) Lösen von Problemen, wobei eine gemeinsame Lösung bei **unterschiedlichen** Gesichtspunkten/Standpunkten zu finden ist

5. Erforderliche Informationen über die Organisation

Zum Erfüllen des Arbeitsauftrages sind erforderlich:
(1) **nur** Informationen über die Arbeitsorganisation an dem eigenen Arbeitsplatz
(2) auch Informationen über die Arbeitsorganisation in der eigenen Abteilung
(3) auch Informationen über die Organisation in dem Betrieb

6. Erforderliche Informationen über (technische) Systeme

Zum Erfüllen des Arbeitsauftrages sind erforderlich:
(1) nur Informationen über **unmittelbar** wahrnehmbare Merkmale oder Vorgänge in (technischen) Systemen
(2) (auch) Informationen über **nicht** direkt wahrnehmbare **Einzel**merkmale oder -vorgänge in (technischen) Systemen
(3) (auch) Informationen über nicht direkt wahrnehmbare **einfache** (d.h. einseitig gerichtete, lineare) **Zusammenhänge** zwischen mehreren zu beachtenden Merkmalen in (technischen) Systemen
(4) (auch) Informationen über nicht direkt wahrnehmbare **komplexe** (wechselwirkende, vernetzte, nichtlineare, dynamische) **Zusammenhänge** zwischen mehreren zu beachtenden Merkmalen in (technischen) Systemen

7. Quellen und Arten nutzbarer Rückmeldungen

(0) keine nutzbaren Rückmeldungen

Rückmeldungen über	Rückmeldung durch	
	andere Personen	Tätigkeitsverlauf selbst
Menge (Arbeitsfortschritt)	(1)	(2)
Menge und Güte	(3)	(4)

Wenn Stufe (0) kann beim nächstem Merkmal nur (0) oder (1) zutreffen.

8. Differenziertheit von Rückmeldungen über die Güte des Arbeitsergebnisses/ -prozesses (durch andere Personen vermittelt)

(0) keine Rückmeldung über Güte
(1) Rückmeldungen über Güte sind grob oder erfolgen zu spät
(2) Rückmeldungen über Güte mit Informationen über Art und Häufigkeit bestimmter Fehler
(3) Rückmeldungen über Güte mit Informationen über Art und Häufigkeit von Fehlern und erforderliche Art der Nacharbeit.

Erläuterungen im zitierten Verfahren.

Anhang B: Erfassungs- und Auswertungsformblatt (Eine Hilfe zur weiteren inhaltlichen Klassifikation erhobener Daten gibt Anhang G.)

Informationen

Auftrag: ……………..

Bearbeiter: ………….

			Benötigte Informationen				
Teil-Auftrag	Erforder-liche Arbeits-schritte	Zeitanteil	Informationsinhalt	Zugangszeitraum (bezogen auf Arbeits-schritte: z.B. unmittel-bar zuvor; noch recht-zeitig während; erst danach)	Quelle/Geber (Die Quellen lassen erkennen, ob Eingangs- oder Rückmeldungs-Information vorliegt.)	Modalität	FORTSETZUNG = nächstes Blatt
	aa						
	ab						
a	ac	25%					
	…						
	ba						
	bb	40% (bezogen					
b	bc	auf Gesamt-auftrag)					
	…						

ACHTUNG: Die Darstellung lässt für das Protokollieren zu wenig Platz und illustriert daher nur die prinzipiellen Ordnungsmöglichkeiten!

FORTSETZUNGSBLATT 1			Erhaltene Informationen				
Teil-Auftrag	Erforder-liche Arbeits-schritte	Zeitanteil	Informationsinhalt	Zugangszeitraum	Quelle/Geber	Modalität	FORTSETZUNG = nächstes Blatt
a	aa						
	ab						
	ac						
	…						
b	ba						
	bb						
	bc						
	…						

FORTSETZUNGSBLATT 2			selbst beschaffte Informationen *				
Teil-Auftrag	Erforderliche Arbeitsschritte	Zeitanteil	Informationsinhalt	Zugangszeitraum	Quelle/ Empfänger	Modalität	…
a	aa						
	ab						
	ac						
	…						
b	ba						
	bb						
	bc						

* analog des Weiteren für
- erwartete Informationen
- auf Nachfrage abgegebene Informationen

Beachte:
Leitfrage B. 1.1 betrifft „Vom Informationsgeber erhaltene Informationen“
Leitfrage B. 1.4 betrifft „Selbst beschaffte Informationen“
Leitfrage B. 1.3 betrifft „Information, die der Bedarfsträger vom Informations*geber* erwartet“
Leitfrage B. 1.2 betrifft „Auf Nachfrage abgegebene Informationen seitens des Informations*gebers*“

Anhang C: Anregungen zu Interviewfragen beim Beobachtungsinterview

- Ist das/war das heute ein typischer Arbeitstag? Ggfs. was war anders als gewöhnlich?
- Woher, in welcher Form erhalten Sie Informationen zu Ihrem Arbeitsauftrag?
- Müssen Sie sich selbst Informationen beschaffen? Welche? Wie oft? Von wem/woher?
- Was machen Sie, wenn Ihnen – trotz Ihrer Bemühungen um Informationen – Informationen für die Aufgabenbearbeitung fehlen?
- Müssen Sie sich mit Personen bei der Aufgabenbearbeitung abstimmen? Wann und in welcher Form geschieht diese Abstimmung?
- Müssen Sie andere Personen über die Ausführung der Tätigkeit und/oder über das Ergebnis informieren? Auf welche Weise geschieht das?
- Müssen Sie selbständig Entscheidungen treffen und haben Sie dafür jeweils alle erforderlichen Informationen? Was fehlt ggfs. warum?
- Wenn Sie unterbrochen werden oder Sie unterbrechen die Arbeit selbst, in welcher Form halten Sie die Zwischenergebnisse fest?
- Könnte notfalls jemand anderes mit diesen Zwischenergebnissen weiter an den Aufgaben arbeiten? Ggfs. warum nicht?
- Welche Informationen benötigen Sie von Ihrem Vorgänger im Arbeitsprozess?
- Welche Informationen benötigt Ihr Nachfolger im Arbeitsprozess von Ihnen?
- Woher beziehen Sie neues Wissen, wenn Sie das für die konkrete Auftragserfüllung benötigen (z.B. Weiterbildungsveranstaltungen, Internet, andere Personen, Zeitschriften, Lernsoftware, Intranet, Messen)?

Anhang D: Fragebogen zum Informationsfluss für Arbeitsplatzinhaber (Leitfragen für „Info-Check"-Selbstanalysen)

1	Informationen, die ich für meine Aufgaben brauche, erhalte ich …	immer	meistens	überwiegend	fast nie	nie
2	Für meine Aufgaben beschaffe ich mir die erforderlichen Informationen …	nie selbst	meistens selbst	überwiegend selbst	fast immer selbst	immer selbst
3	Die verfügbaren Informationen sind für meine Aufgaben …	immer wichtig	meistens wichtig	überwiegend wichtig	fast nie wichtig	nie wichtig
4	Die Informationen, die ich für meine Aufgaben erhalte, sind …	immer vollständig	meistens vollständig	überwiegend vollständig	fast nie vollständig	nie vollständig
5	Die Informationen, die ich für meine Aufgaben erhalte, sind …	immer genau	meistens genau	überwiegend genau	fast nie genau	nie genau
6	Informationen zu meinen Aufgaben erhalte ich …	immer rechtzeitig	meistens rechtzeitig	überwiegend rechtzeitig	fast nie rechtzeitig	nie rechtzeitig
7	Ich kann mich darauf verlassen, dass die Information, die ich für meine Aufgaben brauche, da ist.	immer	meistens	überwiegend	fast nie	nie
8	Bei meiner Arbeit muss ich Entscheidungen fällen, ohne eigentlich nötige Informationen zu haben.	nie (d.h. die nötige Info ist stets vorhanden)	fast nie	überwiegend	meistens	immer (d.h. die nötige Info fehlt mir stets)
9	Um meine Aufgaben auch künftig gut erfüllen zu können, würde ich Information/Wissen/Können brauchen, das ich im Unternehmen nicht erhalte.	trifft überwiegend nicht zu	trifft so gut wie nicht zu	trifft überwiegend zu	trifft fast völlig zu	trifft völlig zu
10	Gelegentlich habe ich Ideen, was man bei uns besser machen sollte.	trifft überhaupt nicht zu	trifft so gut wie nicht zu	trifft überwiegend zu	trifft fast völlig zu	trifft völlig zu
11	Nach meinen Verbesserungsideen fragt mich keiner.	trifft überhaupt nicht zu	trifft so gut wie nicht zu	trifft überwiegend	trifft fast völlig zu	trifft völlig zu

12	An meinem Arbeitsplatz muss ich auf Informationen (z.B. Unterlagen, Anweisungen etc.) warten, bevor ich weitermachen kann.	immer	meistens	überwiegend	fast nie	nie
13	Bei meiner Arbeit muss ich nach Informationen, Personen, Materialien usw. suchen, um weiterarbeiten zu können.	immer	meistens	überwiegend	fast nie	nie
14	An meinem Arbeitsplatz kommt Doppelarbeit bzw. Nacharbeit vor, weil nötige Information nicht rechtzeitig bzw. vollständig bekannt war.	immer	meistens	überwiegend	fast nie	nie

Anhang E: Vertikaler Informationsfluss – Reflexion des Führungsverhaltens durch die Führungskräfte

In Abschnitt 3.2 wurden Besonderheiten der vertikalen Informationsflüsse sowie Sachverhalte benannt, die Vorgesetzte in ihrem Führungs-/Kommunikationsverhalten beachten müssen. Dabei wurde betont, dass sie ihr Informationsverhalten gelegentlich selbstkritisch überdenken und justieren sollten.
Dabei kann eine Reihe von Fragen helfen, die die Führungskräfte sich selbst stellen und beantworten.
Diese Fragen an sich selbst lassen sich in folgende Gruppen einordnen:
Wie steht es in Ihrem Verantwortungsbereich um

a) die Suche nach und Analyse von Hinweisen auf Mängel (Wartezeiten, Stillstandszeiten, Reklamationen etc.), die durch Informationsdefizite bedingt sein können? (Einschlägige Datenquellen wurden in Abschnitt 3.5.2 aufgeführt.)
b) die Existenz von Regelungen oder Gewohnheiten – oder deren Fehlen – zum Informationsaustausch im Unternehmen (beispielsweise Vorhandensein von Rotationssystemen, Arbeitsberatungen und deren Dokumentation, Vorschlagswesen)? (Einschlägige Datenquellen sind ebenfalls in 3.5.2 angesprochen.)
c) die Existenz von Regelungen – beziehungsweise deren Fehlen – zum Informationsgewinn/zur Erzeugung von handlungsleitender Information für den Verantwortungsbereich der Vorgesetzten beziehungsweise das gesamte Unternehmen (beispielsweise Arbeitsbeziehungen zu Hochschulen)? (Vgl. auch dazu Abschnitt 3.5.2.)
d) die Existenz beziehungsweise Fehlen von Vorkehrungen zum Informationserhalt bei längerem oder dauerndem Ausscheiden von betrieblichen Know-how-Trägern?
e) die Existenz von Regelungen zur optimalen Informationsübergabe bei Schichtwechsel?
f) das Informationssuchverhalten als Vorgesetzter bezüglich Vorschlägen/Ideen der Mitarbeiter zum jeweiligen Prozess und zu den Produkten? (Zum Beispiel: Wird überhaupt, in welcher Form, regelmäßig nach Ideen der Mitarbeiter geforscht?)
g) das motivationale Wirkungen des Informationsverhaltens einschließlich der Rückmeldungen des Vorgesetzten an Mitarbeiter? (Beispielsweise: wie bekräftigend/motivierend dürften Aspekte des eigenen Informationsverhaltens bei den Mitarbeitern wirken?)
h) das aktuelle und präzise Wissen über die Informationsflüsse zwischen Ihren Mitarbeitern und zu/von kooperierenden Abteilungen und um Ihren optimierenden Einfluss darauf?

Reflexionsanstöße zum eigenen informationsbezogenen Führungsverhalten können auch der Einsatz und die Auswertung des Fragebogens (Anhang D) liefern.

Anhang F: Fragewort- oder W-Fragen

1. Benötigen Sie (Arbeitsplatzinhaber) Informationen, um Ihre Arbeitsschritte ohne Rückfragen zügig und fehlerfrei ausführen zu können? Wenn ja:

1.1 **Worüber** benötigen Sie Information?

1.2 **Wofür** benötigen Sie die verschiedenen Informationen?

1.3 **Warum** benötigen Sie die Informationen?

1.4 **Von wem** benötigen Sie welche Information und **in welcher Form**?

1.5 Was müssen Sie **mit wem** abstimmen?

- Mit vorgelagertem Arbeitsplatz?
- Mit nachgelagertem Arbeitsplatz?
- Mit neben gelagertem Arbeitsplatz?
- Mit Vorgesetzten?

1.6 **Wann** bzw. **bis wann** benötigen Sie die einzelnen Informationen a, b, c ...?

1.7 **Unter welchen Bedingungen** benötigen Sie die Information?

2. Welche der Informationen sind **unerlässlich** für Ihre Arbeit?
   Und welche „nur“ **hilfreich**?

3. Was ist davon für die Abteilung/das gesamte Unternehmen und seine Kunden wichtig? (Extra-role Behavior/Organizational Citizenship Behavior/Intrapreneurship?)

4. Wird die erforderliche Information **zugeführt oder geholt?**

4.1 Wird Ihnen diese Information **zugeführt? Welche?**

4.2 Müssen Sie sich selbst Information **holen? Woher?**

5. Welche Information **fehlt? Warum?**

6. Welche Informationen sind **unvollständig**? **Warum**?

7. Welche Informationen sind **nicht rechtzeitig**? **Warum**?

8. **Was** meint – aus Ihrer Sicht – der
   1. vorgelagerte Arbeitsplatzinhaber,
   2. nebengelagerte Arbeitsplatzinhaber,
   3. nachgelagerte Arbeitsplatzinhaber,
   4. Vorgesetzte,

   dass Sie an Information **von ihm benötigen**?

9. **Was** meinen Sie, dass der
   1. vorgelagerte Arbeitsplatzinhaber
   2. nebengelagerte Arbeitsplatzinhaber
   3. nachgelagerte Arbeitsplatzinhaber
   4. Vorgesetzte

   - an Informationen **von Ihnen** für seine Arbeit **benötigt**?
   - zusätzlich **von Ihnen wissen** sollte?

Anhang G: Kategorisierungshilfe für Beobachtungs-/Befragungsdaten[3]

Für die Ordnung (Kategorisierung) erfasster Daten kann ein Arbeitsplatz/Arbeitender nach dem anderen und zwar in seiner Rolle als Informations*empfänger* herausgegriffen werden.
In Kommunikationsnetzen ist der Empfänger zugleich Informations*geber* mit Neu- und Rückmeldungsinformationen für nach-/neben- und vorgeordnete Arbeitende.

Beschreibung des Arbeitsplatzes

Arbeitsplatz (Bezeichnung des Arbeitsplatzes, welchen die Person einnimmt)
Abteilung (Bezeichnung der Abteilung, in welcher die Person tätig ist)

Angaben zu den Informationen, welche zur Auftragsbearbeitung erhalten bzw. eingeholt werden

Jede einzelne Information, welche ein Arbeitsplatzinhaber angibt, im Laufe der Auftragsbearbeitung zu erhalten bzw. zu geben, sich zu beschaffen oder weiterzugeben, kann im Bedarfsfall in folgende Kategorien eingeordnet werden:

Informationspartner (von denen/an die auftragsbedingt Information zu erhalten/zu geben sind)	
Arbeitsplatz der Informationspartner (Bezeichnung des Arbeitsplatzes, welchen der Interaktionspartner einnimmt)	
Abteilung (Bezeichnung der Abteilung, in welcher der Interaktionspartner tätig ist)	

1. **Position der Interaktionspartner** des Arbeitsplatzinhabers (AI)
   (für a) erhaltene, b) beschaffte und c) abzugebende Information bei der Bearbeitung des ausgewählten Auftrags)
   - *Vorgesetzter*
     (Person/en, welche dem AI vorgesetzt ist/sind, an welchen der AI weisungsgebunden ist)
   - *Vorgelagerter AI*
     (Person/en, welche den Auftrag zeitlich vor dem AI bearbeitet/n)
   - *Nebengelagerter AI*
     (Person/en, welche den Auftrag zeitlich parallel zum AI bearbeitet/n)
   - *Nachgelagerter AI*
     (Person/en, welche nach dem AI den Auftrag bearbeitet/n)

[3] unter Verwendung von V. Fuchs (2007). Unveröffentlichte Vorarbeiten zur Diplomarbeit, TU Dresden/ Universität Innsbruck.

2. **Inhalt** der Information
(zu trennen in a) erhaltene, b) beschaffte sowie c) abzugebende Information)
- *Basis/Minimalinformation* für Ausführung der Arbeitsgänge gemäß Arbeitsauftrag
  - Information zum Ziel des/der Arbeitsgänge
  - Information zu Ausführungsbedingungen einschließlich Zeit-/Materialaspekten
  - Information zu Maßnahmen, Ausführungsweise (Fehlervermeidung), Mitteln, Partnern
- *Ergänzungs-/Optimalinformationen,* die hinausgehen über Ausführungshinweise für Arbeitsgänge am Arbeitsplatz (mögliche Grundlagen für Extra-role Behavior/ Organizational Citizenship Behavior/Intrapreneurship)
  - Information zu Folgen, zu Nebenwirkungen und zu Nutzen für Arbeitende/ Kollegen, Kunden, Unternehmen
  - Information zu Ursachen, Gründen von auszuführenden Arbeitsgängen/ zu beachtenden Sachverhalten

3. **Zweck** der Information (getrennt für a, b und c)
- *Korrekte Ausführung des jeweiligen Arbeitsschrittes*
- *Einhaltung der vorgegebenen Richtlinien*
- *Weiterleitung von Arbeitsaufträgen an andere Personen*
- *Fehlervermeidung*
- *Optimierung des Nutzens von Kunden/Kollegen*
- *Weitere Ziele*
  - Korrekte Auftragausführung insgesamt
  - Senken von Zeit, Kosten, Aufwand etc.
  - Umsatz/Erfolg des Unternehmens sichern
  - Verringerung der Fehlerquote
  - Erleichterung zukünftiger Arbeitsschritte

4. **Informationsmedium** (getrennt für a, b und c)
- *Mündlich*
  Übermittlungsart
  - per Telefon
  - in einer Face-to-Face-Interaktion
- *Schriftlich*
  (Die Information wird in schriftlicher Form weitergegeben.)
  Übermittlungsart
  - per Brief
  - per E-Mail
  - per Notizen/Begleit-Dokumenten
  - per EDV-System
- *Regulär/institutionalisiert*
  (Die Information wird regelmäßig in einer festgelegten Form weitergereicht, z.B. in fixen Sitzungen, auf einem vorgefertigten Formular, im EDV-System etc.)
- *Irregulär/spontan*
  (Die Information wird spontan in nicht vorher festgelegter Form übermittelt, z.B. in einem Gespräch in einer Pause, auf einer kurzen Notiz am Pult etc.)

5. **Zeitpunkt der Verfügbarkeit** der Information (getrennt für a, b und c)
   - *Vor Beginn der Auftragsbearbeitung* am Arbeitsplatz/beim Bearbeiter
   - *Mit Beginn der Auftragsbearbeitung* am Arbeitsplatz
     (Information ist mit Beginn der Auftragsbearbeitung vorhanden)
   - *Während der Auftragsbearbeitung* am Arbeitsplatz
     (Information ist im Laufe der Auftragsbearbeitung bekannt)
   - *Nach der Auftragsbearbeitung* am Arbeitsplatz

6. **Wichtigkeit** der Information (getrennt für a, b und c)
   - *Information ist immer wichtig*
   - *Information ist unter bestimmten Bedingungen wichtig*
     - Terminliche Bedingungen
     - Ausführungsbedingungen
     - bei Auftreten von Fehlern
     - bestimmte Auftragsarten
     - bestimmte Produktarten
     - bestimmte Kunden
   - *Information ist unerlässlich* (Minimalinformation)
     (Ohne die Information können die im Auftrag zwingend auszuführenden Arbeitsschritte nicht gemacht werden.)
     - Relevanz nur für die eigene Arbeit
     - Relevanz für die gesamte Abteilung (Die Information ist für die gesamte Abteilung, in welcher die Person arbeitet, von Bedeutung.)
   - *Information ist „nur“ hilfreich* (Optimalinformation)
     (Die zwingend auszuführenden Arbeitsschritte sind auch ohne diese Information machbar, die Ausführung kann jedoch mit dem Erhalt dieser Information optimiert werden.)
     - Relevanz für die eigene Arbeit
     - Relevanz für andere Abteilungen/Gruppen

7. **Qualität** der Informationsvermittlung
   (bezogen auf den ausgewählten Auftrag, getrennt nach Informationsinhalt und dabei nochmals nach erhaltenen, selbst beschafften und gegebenen Informationen)
   - *Information liegt vor*
     (Information wurde übermittelt)
   - *Information fehlt völlig*
     (Information wurde nicht übermittelt)
   - *Ursache liegt im Informationspartner*
     - Information wird vom Informationspartner ungenau übergeben
     - Information wird vom Informationspartner falsch übergeben
     - Information wird vom Informationspartner nicht übergeben
   - *Ursache liegt im Informationsmedium*
     - Informationsmedium gibt Information ungenau wieder
     - Informationsmedium ist unübersichtlich
     - Informationsmedium ist zu kurzlebig
       (z.B. mündlich übermittelte Information wird schnell vergessen)

- *Ursache liegt in der organisationalen Struktur*
  - fehlende Absprachemöglichkeiten mit dem Informationspartner
  - keine/ungenaue Regelung, wer wem welche Information weitergeben muss
- *Ursache liegt im Auftrag*
  (Der Grund für die fehlende Information liegt in dem Auftrag, bei dem die nötige Information nicht übermittelt werden kann/nicht bekannt ist.)
- *Konsequenzen*
  - Vorgehen aufgrund von Annahmen
  - Rückfragen, um Information zu erhalten
  - Fehlhandlung
  - negative Emotionen des Arbeitsplatzinhabers (z.B. Ärger, Wut, Frustration etc.)
  - Zeitdruck
  - Wartezeiten/Zeitverluste
  - Vorgehen erfolgt ungestört und gemäß zeitlicher Planung

8. Vollständigkeit der Informationen
- *Information ist vollständig*
- *Information ist unvollständig*
- *Ursache liegt im Informationspartner*
  - Information wird vom Informationspartner unvollständig übergeben
- *Ursache liegt im Informationsmedium*
  - Informationsmedium ist unübersichtlich
  - Informationsmedium gibt Information ungenau wieder
- *Ursache liegt in der organisationalen Struktur*
  - fehlende Absprachemöglichkeiten mit dem Informationspartner
- *Ursache liegt im Auftrag*
  (Der Grund für die unvollständige Information liegt in dem Auftrag, bei dem die Information nicht vollständig übermittelt werden kann.)
- *Konsequenzen*
  - Vorgehen aufgrund von Annahmen
  - Rückfragen, um Information zu erhalten
  - Fehlhandlung
  - negative Emotionen des Arbeitsplatzinhabers (z.B. Ärger, Wut, Frustration etc.)
  - Zeitdruck
  - Wartezeiten/Zeitverluste
  - Vorgehen erfolgt ungestört und gemäß zeitlicher Planung

9. Rechtzeitigkeit der Informationsvermittlung
- *Informationsvermittlung ist rechtzeitig*
- *Informationsvermittlung ist nicht rechtzeitig*
- *zu früh*
  - Information wurde vom Informationspartner zu früh übergeben
- *zu spät*
  - Information wurde vom Informationspartner zu spät übergeben
  - Informationsmedium ist zu zeitaufwändig

- *Auftrag*
  (Der Grund für die zu späte/frühe Information liegt in dem Auftrag, bei dem die Information nicht rechtzeitig übermittelt werden kann.)
- *Konsequenzen*
  - Vorgehen aufgrund von Annahmen
  - Rückfragen, um Information zu erhalten
  - Fehlhandlung
  - negative Emotionen des Arbeitsplatzinhabers (z.B. Ärger, Wut, Frustration etc.)
  - Zeitdruck
  - Wartezeiten/Zeitverluste
  - Vorgehen erfolgt ungestört und gemäß zeitlicher Planung

Angaben zu Zusatz-/Optimalinformation (als Indikator von Extra-role Behavior)
In diese Kategorien werden diejenigen Informationen eingeordnet, die über die unmittelbare Bearbeitung des Arbeitsauftrages hinausgehen.

1. Optimalinformation bezogen auf den **ausgewählten Auftrag**
   - *Art der Information*
     - Information zum Produkt
       (z.B. Information zu Verbesserungsmöglichkeiten des Produkts etc.)
     - Information zum Produktionsprozess
       (z.B. Information zu einer effizienteren Bearbeitungsreihenfolge in der Produktion etc.)
     - Information zu den Rahmenbedingungen
       (z.B. Information zum Werkzeug, zu Umweltgegebenheiten, zu terminlichen Verschiebungen, etc.)
     - Information zum Kunden
       (z.B. Information zu Besonderheiten im Kundenumgang etc.)
   - *Informationspartner*
     - Vorgesetzter
     - Vorgelagerter Arbeitsplatzinhaber
     - Nebengelagerter Arbeitsplatzinhaber
     - Nachgelagerter Arbeitsplatzinhaber
   - *Konsequenzen*
     - keine Konsequenzen
     - Produkt kann verbessert werden
     - Produktionsprozess kann effizienter gestaltet werden
     - Produktionsprozess kann besser auf Kunden abgestimmt werden
     - eigene Arbeitsausführung wird erleichtert
     - Arbeitsausführung anderer Mitarbeiter wird erleichtert

2. Optimalinformation bezogen auf die **generelle Auftragsbearbeitung im Unternehmen**
   - *Art der Information*
     - Information zum Produkt
       (z.B. Information zu Verbesserungsmöglichkeiten des Produkts etc.)

    - Information zum Produktionsprozess
      (z.B. Information zu einer effizienteren Bearbeitungsreihenfolge in der Produktion etc.)
    - Information zu den Rahmenbedingungen
      (z.B. Information zum Werkzeug, zu Umweltgegebenheiten, zu terminlichen Verschiebungen etc.)
    - Information zum Kunden
      (z.B. Information zu Besonderheiten im Kundenumgang etc.)
- *Informationspartner*
    - Vorgesetzter
    - Vorgelagerter Arbeitsplatzinhaber
    - Nebengelagerter Arbeitsplatzinhaber
    - Nachgelagerter Arbeitsplatzinhaber
- *Konsequenzen*
    - keine Konsequenzen
    - Produkt kann verbessert werden
    - Produktionsprozess kann effizienter gestaltet werden
    - Produktionsprozess kann besser auf Kunden abgestimmt werden
    - eigene Arbeitsausführung wird erleichtert
    - Arbeitsausführung anderer Mitarbeiter wird erleichtert

Anhang H: Software-Tool „IFLUSS“

Im Rahmen des vom Bundesministerium für Wirtschaft und Technologie geförderten Verbundprojekts „Innovations- und Produktivitätssteigerung in KMU durch systematischen internen und externen aufgabenbezogenen Informationsaustausch“, bearbeitet von der TU Dresden (Fachrichtung Psychologie/Arbeitsgruppe Wissen – Denken – Handeln), der T.O.P. GmbH und der AGU Dresden GmbH, wurde ein Software-Programm entwickelt und erprobt.
Es unterstützt die befragungsgestützte Erhebung des erfragbaren formellen Informationsflusses in Unternehmen zum Erfassen von Stärken und Defiziten in der Weitergabe von Information.

Das Tool IFLUSS und die Anwenderdokumentation wurden erstellt von

AGU Dresden GmbH
Dr. Prussak
Berthold-Brecht-Allee 24
D–01309 Dresden
Tel.: +49 (0)351 / 213 87 00
Fax: +49 (0)351 / 213 87 21
E-Mail: *info@agudd.de*
http://www.agudd.de

LITERATUR

Dettmers, J., Marggraf-Micheel, C., Stremming, S. & Bamberg, E. (2007). Kunden als Quelle von Innovationen. Das Aufgabenverständnis von Mitarbeitern im Kundenkontakt. *Wirtschaftspsychologie*, Heft 2, 55-63.

Gilbreth, F.B. jr & Gilbreth Carey, E. (o.J.). *Im Dutzend billiger. Aus Kindern werden Leute.* München: Blanvalet.

Hacker, W. (1992). *Expertenkönnen. Erkennen und Vermitteln.* Göttingen: Verlag für Angewandte Psychologie.

Hacker, W. (1995). *Arbeitstätigkeitsanalyse. Analyse und Bewertung psychischer Arbeitsanforderungen.* Heidelberg: Asanger.

Hacker, W. (2005). *Allgemeine Arbeitspsychologie. Psychische Regulation von Wissens-, Denk- und körperlicher Arbeit.* Bern: Huber.

Hacker, W., Fritsche, B., Iwanowa, A. & Richter, P. (1995). *Tätigkeitsbewertungssystem.* Zürich und Stuttgart: vdf Hochschulverlag und Teubner.

Hacker, W. & Skell, W. (1993). *Lernen in der Arbeit.* Berlin und Bonn: Bundesinstitut für Berufsbildung.

Hacker, W., von der Weth, R., Ishig, A. & Kuhn, G. (2005). Nutzung von Erfahrungswissen in der Arbeitsgestaltung – Aufgabenbezogener Informationsaustausch bei hochautomatisierten Technologien. *Zeitschrift für Arbeitswissenschaft, 59,* 53–60.

Hermann, G. (1986). Aufgabenorientierter Informationsaustausch bei Bedientätigkeiten in der Textilindustrie. *Psychologie und Praxis, 3*, 224–233.

Ishig, A., Looks, P. & Melzer, M. (2007). *Der Aufgabenbezogene Informationsaustausch (AI). Nutzbarkeit auch in sehr kleinen Unternehmen?* Vortrag auf der 5. Tagung der Fachgruppe Arbeits- und Organisationspsychologie der Deutschen Gesellschaft für Psychologie. Universität Trier.

Krause, W. (2000). *Denken und Gedächtnis aus naturwissenschaftlicher Sicht.* Göttingen: Hogrefe.

Macher, F. (Hrsg.) (1974). *Methoden und Verfahren des Arbeitsstudiums.* Berlin: Verlag Die Wirtschaft.

Neubert, J. & Tomczyk, R. (1986). *Gruppenverfahren der Arbeitsanalyse und Arbeitsgestaltung.* Berlin: Deutscher Verlag der Wissenschaften.

Sonntag, K. & Schaper, N. (2006). Wissensorientierte Verfahren in der Personalentwicklung. In: H. Schuler (Hrsg.), *Lehrbuch der Personalpsychologie,* 256–280.

Sonntag, K. & Stegmaier, R. (2007). *Arbeitsorientiertes Lernen. Zur Psychologie der Integration von Lernen und Arbeit.* Stuttgart: Kohlhammer.

Tschan, F. (2002). Ideal cycles of communication (or cognition) in triads, dyads, and individuals. *Small Group Research, 33*, 616–643.

Wetzstein, A. (2004). *Unterstützung der Innovationsentwicklung. Einfluss von wissensbezogenen Interaktionen insbesondere im kooperativen Problemlösen und fragenbasierter Reflexion.* Regensburg: Roderer.

Wetzstein, A., Ishig, A. & Hacker, W. (2004). Der Aufgabenbezogene Informationsaustausch als innovationsförderndes Instrument für Unternehmen. *Wirtschaftspsychologie aktuell, 3*, 57–60.

Wetzstein, A., Jahn, F. & Hacker, W. (2003). Creating Innovations in the Work Process Through the Exchange of Heterogeneous Knowledge. An Overview of Research on Task-Oriented Information Exchange (TIE). In: F. Avallone, H.K. Sinangil & A. Caetano (Hrsg.), *Quaderni Di Psicologia del Lavora: Identity and Diversity in Organizations.* Milano: Edizioni Angelo Guerini Associati SpA, 35–42.

Wetzstein, A., Oberkirsch, S. & Schumann, K. (2003). Wissensbezogene Interaktionen in und zwischen Unternehmen und deren Zusammenhang zu Erfolg und Innovation. *Wirtschaftspsychologie, 1*, 34–36.

Willke, H. (2004). *Einführung in das systematische Wissensmanagement.* Heidelberg: Carl-Auer-Verlag.

Schriftenreihe «Mensch – Technik – Organisation»

herausgegeben von Eberhard Ulich

Ingrid Sattes, Harald Brodbeck, Hans-Christoph Lang, Heinz Domeisen (Hrsg.)
Erfolg in kleinen und mittleren Unternehmen
Ein Leitfaden für die Führung und Organisation in KMU
2., bearbeitete Auflage 1998, 260 Seiten, zahlreiche Abbildungen, Format 17 x 24 cm, gebunden,
ISBN 978-3-7281-2376-3

Winfried Hacker (Hrsg.)
Erwerbsarbeit der Zukunft – auch für «Ältere»?
Leistungskritisches Denken und Handeln in komplexen technischen Systemen
1996, 208 Seiten, Format 16 x 23 cm, broschiert,
ISBN 978-3-7281-2215-5

Oliver Strohm, Eberhard Ulich (Hrsg.)
Unternehmen arbeitspsychologisch bewerten
Ein Mehr-Ebenen-Ansatz unter besonderer Berücksichtigung von Mensch, Technik und Organisation
1997, 464 Seiten, zahlreiche Abbildungen und Tabellen, Format 16 x 23 cm, gebunden, ISBN 978-3-7281-2171-4

Charles M. Savage
Fifth Generation Management
Kreatives Kooperieren durch virtuelles Unternehmertum, dynamischen Teameinsatz und Vernetzung von Wissen
1997, 350 Seiten, zahlreiche Abbildungen und Tabellen, gebunden, ISBN 978-3-7281-2173-8

Karlheinz Sonntag, Niclas Schaper (Hrsg.)
Störungsmanagement und Diagnosekompetenz
Leistungskritisches Denken und Handeln in komplexen technischen Systemen
1996, 348 Seiten, Format 16 x 23 cm, broschiert,
ISBN 978-3-7281-2228-5

Heiner Dunckel (Hrsg.)
Handbuch psychologischer Arbeitsanalyseverfahren
1999, 592 Seiten, zahlreiche Abbildungen und Tabellen, Format 17 x 24 cm, gebunden, ISBN 978-3-7281-2238-4

Gudela Grote
Autonomie und Kontrolle
Zur Gestaltung automatisierter und risikoreicher Systeme
1996, 380 Seiten, Abbildungen und Tabellen,
Format 16 x 23 cm, broschiert, ISBN 978-3-7281-2388-6

Jürg Baillod, Felix Davatz, Christine Luchsinger, Martin Stamatiadis, Eberhard Ulich
Zeitenwende Arbeitszeit
Wie Unternehmen die Arbeitszeit flexibilisieren
1997, 244 Seiten, zahlreiche Grafiken und Tabellen,
Format 17 x 24 cm, gebunden, ISBN 978-3-7281-2495-6

Toni Wäfler, Anna Windischer, Cornelia Ryser, Steffen Weik, Gudela Grote
Wie sich Mensch und Technik sinnvoll ergänzen
Die GESTALTUNG automatisierter Produktionssysteme mit KOMPASS
1999, 212 Seiten, zahreiche Abbildungen,
Format 16 x 23 cm, broschiert, ISBN 978-3-7281-2574-3

Gudela Grote, Toni Wäfler, Cornelia Ryser, Steffen Weik, Martina Zölch, Anna Windischer
Wie sich Mensch und Technik sinnvoll ergänzen
Die ANALYSE automatisierter Produktionssysteme mit KOMPASS
1999, 216 Seiten, zahreiche Abbildungen und Erhebungsbögen, Format 16 x 23 cm, broschiert, inkl. CD-ROM,
ISBN 978-3-7281-2387-9

Marianne Resch
Arbeitsanalyse im Haushalt
Erhebung und Bewertung von Tätigkeiten ausserhalb der Erwerbsarbeit mit dem AVAH-Verfahren
1998, 252 Seiten, Tabellen und Fragebögen,
Format 16 x 23 cm, broschiert, ISBN 978-3-7281-2643-6

Bärbel Bergmann
Training für den Arbeitsprozess
Entwicklung und Evaluation aufgaben- und zielgruppenspezifischer Trainingsprogramme
1998, 336 Seiten, zahlreiche grafische Darstellungen,
Format 16 x 23 cm, broschiert, ISBN 978-3-7281-2644-3

Pierre Sachse, Adrian Specker (Hrsg.)
Design Thinking
1999, 268 Seiten, zahlreiche Abbildungen,
Format 16 x 23 cm, broschiert, ISBN 978-3-7281-2701-3

Martina Zölch, Wolfgang G. Weber, Loni Leder (Hrsg.)
Praxis und Gestaltung kooperativer Arbeit
1999, 224 Seiten, zahlreiche Abbildungen, Tabellen und Checklisten, Format 16 x 23 cm, broschiert,
ISBN 978-3-7281-2687-0

Walter Hebeisen
F. W. Taylor und der Taylorismus
1999, 196 Seiten, Fotos, Format 16 x 23 cm, broschiert,
ISBN 978-3-7281-2521-7

Antje Ducki
Diagnose gesundheitsförderlicher Arbeit
Eine Gesamtstrategie zur betrieblichen Gesundheitsanalyse
2000, 240 Seiten, zahlreiche Abbildungen,
Format 16 x 23 cm, broschiert, ISBN 978-3-7281-2705-1

Ralph Balmer et al.
Innovation im Unternehmen
Leitfaden zur Selbstbewertung für KMU
2000, 304 Seiten, zahlreiche Abbildungen,
Format 26,5 x 31,5 cm, in Ordner,
ISBN 978-3-7281-2710-5

Kristina Lauche
Qualitätshandeln in der Produktentwicklung
Theoretisches Modell, Analyseverfahren und Ergebnisse zu Förderungsmöglichkeiten
2001, 288 Seiten, zahlreiche Abbildungen,
Format 16 x 23 cm, broschiert, ISBN 978-3-7281-2781-5

Lucienne Rey (Hrsg.)
Mobile Arbeit in der Schweiz
2002, 184 Seiten, zahlreiche Abbildungen,
Format 17 x 24 cm, gebunden, ISBN 978-3-7281-2767-9

Eberhard Ulich (Hrsg.)
Beschäftigungswirksame Arbeitszeitmodelle
2001, 384 Seiten, zahlreiche Abbildungen und Tabellen,
Format 17 x 24 cm, gebunden, ISBN 978-3-7281-2768-6

Wolfgang G. Weber, Theo Wehner (Hrsg.)
Erfahrungsorientierte Handlungsorganisation
Arbeitswissenschaftliche Ergebnisse zur computergestützten Facharbeit im Diskurs
2002, 288 Seiten, zahlreiche Abbildungen und Grafiken,
Format 16 x 23 cm, broschiert, ISBN 978-3-7281-2814-0

Werner Lüthy, Eugen Voit, Theo Wehner (Hrsg.)
Wissensmanagement-Praxis
Einführung, Handlungsfelder und Fallbeispiele
2002, 296 Seiten, zahlreiche Abbildungen und Grafiken,
Format 17 x 24 cm, gebunden, ISBN 978-3-7281-2821-8

Winfried Hacker (Hrsg.)
Denken in der Produktentwicklung
Psychologische Unterstützung der frühen Phasen
2002, 180 Seiten, zahlreiche grafische Darstellungen,
Format 16 x 23 cm, broschiert, ISBN 978-3-7281-2846-1

Gabriele Richter, Winfried Hacker
Tätigkeitsbewertungssystem – Geistige Arbeit
für Arbeitsplatzinhaber
2003, 120 Seiten, zahlreiche Abbildungen und Tabellen,
Format 16 x 23 cm, broschiert, ISBN 978-3-7281-2899-7
(vergriffen; eBook lieferbar)

Cuno Künzler
Kompetenzförderliche Sicherheitskultur
Ganzheitliche Gestaltung risikoreicher Arbeitssysteme
2002, 268 Seiten, Format 16 x 23 cm, broschiert,
ISBN 978-3-7281-2857-7

Stephan Zinser (Hrsg.)
Flexible Arbeitswelten
Handlungsfelder, Erfahrungen und Praxisbeispiele aus dem Flexible-Office-Netzwerk
2004, 204 Seiten, zahlreiche Abbildungen und Tabellen,
Format 17 x 24 cm, gebunden, ISBN 978-3-7281-2954-3

Mechthild Wolber
Dynamische Unternehmensprozesse
Methodische Handlungsunterstützung, Kreativitätsförderung und Lernorientierung am Beispiel des Produktentstehungsprozesses
2005, 184 Seiten, zahlreiche Abbildungen und Tabellen,
Format 16 x 23 cm, broschiert, ISBN 978-3-7281-2975-8

Sigrun Fritz
Ökonomischer Nutzen «weicher» Kennzahlen
(Geld-)Wert von Arbeitszufriedenheit und Gesundheit
2. korr. Aufl. 2006, 224 Seiten, zahlreiche Grafiken und Tabellen, Format 16 x 23 cm, broschiert,
ISBN 978-3-7281-3053-2

Ernst Andreas Hartmann
Arbeitssysteme und Arbeitsprozesse
2006, 448 Seiten, zahlreiche grafische Darstellungen und Fotos, Format 16 x 23 cm, broschiert,
ISBN 978-3-7281-3040-2

Heiner Dunckel, Cordula Pleiss (Hrsg.)
Kontrastive Aufgabenanalyse
Grundlagen, Entwicklungen und Anwendungserfahrungen
2007, 240 Seiten, zahlreiche Abbildungen, inkl. CD,
Format 16 x 23 cm, broschiert, ISBN 978-3-7281-3078-5

Stephan Zinser, Dieter Boch (Hrsg.)
Flexible Arbeitswelten – So geht's!
DO's and DON'Ts aus dem Flexible-Office-Netzwerk
2007, 288 Seiten, zahlreiche Abbildungen,
Format 17 x 24 cm, gebunden, ISBN 978-3-7281-3075-4

iafob: Institut für Arbeitsforschung und Organisationsberatung (Hrsg.)
Unternehmensgestaltung im Spannungsfeld von Stabilität und Wandel
2007, 472 Seiten, Format 17 x 24 cm, gebunden,
ISBN 978-3-7281-3186-7

---

v/d|f
vdf Hochschulverlag AG an der ETH Zürich, VOB D, Voltastrasse 24,
CH-8092 Zürich, Tel. +41 (0)44 632 42 42, Fax +41 (0)44 632 12 32
E-Mail: verlag@vdf.ethz.ch, Internet: www.vdf.ethz.ch